同济博士论丛
TONGJI Dissertation Series

总主编 伍江 副总主编 雷星晖

王伟 曾国荪 著

基于信息内容的在线文本可信性评估方法研究

Research on Trustworthy Evaluation of Online
Document Based on Information Content

同济大学出版社
TONGJI UNIVERSITY PRESS

内 容 提 要

本书介绍了利用基于信息内容的文本可信性评估技术来判断信息内容是否可信，并通过一系列的分析、论证、试验，证实了该技术的可行性。

本书可供电子信息、计算机等相关专业人士参考使用，同时也适用于对该领域感兴趣的专家学者。

图书在版编目(CIP)数据

基于信息内容的在线文本可信性评估方法研究 / 王伟，曾国荪著. —上海：同济大学出版社，2017.8

（同济博士论丛 / 伍江总主编）

ISBN 978 - 7 - 5608 - 7070 - 0

Ⅰ. ①基… Ⅱ. ①王… ②曾… Ⅲ. ①文字处理—研究 Ⅳ. ①TP391.1

中国版本图书馆 CIP 数据核字（2017）第 094267 号

基于信息内容的在线文本可信性评估方法研究

王 伟 曾国荪 著

出 品 人 华春荣　　　责任编辑 刘 睿 卢元姗

责任校对 徐春莲　　　封面设计 陈益平

出版发行 同济大学出版社　　www.tongjipress.com.cn
　　　　　（地址：上海市四平路1239号　邮编：200092　电话：021 - 65985622）

经　销　全国各地新华书店

排版制作 南京展望文化发展有限公司

印　刷　浙江广育爱多印务有限公司

开　本　787 mm×1092 mm　　1/16

印　张　9.5

字　数　190 000

版　次　2017年8月第1版　　2017年8月第1次印刷

书　号　ISBN 978 - 7 - 5608 - 7070 - 0

定　价　48.00元

"同济博士论丛"编写领导小组

袁万城　莫天伟　夏四清　顾　明　顾祥林　钱梦騄

徐　政　徐　鉴　徐立鸿　徐亚伟　凌建明　高乃云

郭忠印　唐子来　阎耀保　黄一如　黄宏伟　黄茂松

戚正武　彭正龙　葛耀君　董德存　蒋昌俊　韩传峰

童小华　曾国荪　楼梦麟　路秉杰　蔡永洁　蔡克峰

薛　雷　霍佳震

秘书组成员：谢永生　赵泽毓　熊磊丽　胡晗欣　卢元姗　蒋卓文

总　序

在同济大学 110 周年华诞之际，喜闻"同济博士论丛"将正式出版发行，倍感欣慰。记得在 100 周年校庆时，我曾以《百年同济，大学对社会的承诺》为题作了演讲，如今看到付梓的"同济博士论丛"，我想这就是大学对社会承诺的一种体现。这 110 部学术著作不仅包含了同济大学近 10 年 100 多位优秀博士研究生的学术科研成果，也展现了同济大学围绕国家战略开展学科建设、发展自我特色，向建设世界一流大学的目标迈出的坚实步伐。

坐落于东海之滨的同济大学，历经 110 年历史风云，承古续今、汇聚东西，秉持"与祖国同行、以科教济世"的理念，发扬自强不息、追求卓越的精神，在复兴中华的征程中同舟共济、砥砺前行，谱写了一幅幅辉煌壮美的篇章。创校至今，同济大学培养了数十万工作在祖国各条战线上的人才，包括人们常提到的贝时璋、李国豪、裘法祖、吴孟超等一批著名教授。正是这些专家学者培养了一代又一代的博士研究生，薪火相传，将同济大学的科学研究和学科建设一步步推向高峰。

大学有其社会责任，她的社会责任就是融入国家的创新体系之中，成为国家创新战略的实践者。党的十八大以来，以习近平同志为核心的党中央高度重视科技创新，对实施创新驱动发展战略作出一系列重大决策部署。党的十八届五中全会把创新发展作为五大发展理念之首，强调创新是引领发展的第一动力，要求充分发挥科技创新在全面创新中的引领作用。要把创新驱动发展作为国家的优先战略，以科技创新为核心带动全面创新，以体制机制改革激发创新活力,以高效率的创新体系支撑高水平的创新型国家建设。作为人才培养和科技创新的重要平台,大学是国家创新体系的重要组成部分。同济大学理当围绕国家战略目标的实现,作出更大的贡献。

大学的根本任务是培养人才,同济大学走出了一条特色鲜明的道路。无论是本科教育、研究生教育,还是这些年摸索总结出的导师制、人才培养特区,"卓越人才培养"的做法取得了很好的成绩。聚焦创新驱动转型发展战略,同济大学推进科研管理体系改革和重大科研基地平台建设。以贯穿人才培养全过程的一流创新创业教育助力创新驱动发展战略,实现创新创业教育的全覆盖,培养具有一流创新力、组织力和行动力的卓越人才。"同济博士论丛"的出版不仅是对同济大学人才培养成果的集中展示,更将进一步推动同济大学围绕国家战略开展学科建设、发展自我特色、明确大学定位、培养创新人才。

面对新形势、新任务、新挑战,我们必须增强忧患意识,扎根中国大地,朝着建设世界一流大学的目标,深化改革,勠力前行!

万　钢

2017 年 5 月

论丛前言

承古续今，汇聚东西，百年同济秉持"与祖国同行、以科教济世"的理念，注重人才培养、科学研究、社会服务、文化传承创新和国际合作交流，自强不息，追求卓越。特别是近20年来，同济大学坚持把论文写在祖国的大地上，各学科都培养了一大批博士优秀人才，发表了数以千计的学术研究论文。这些论文不但反映了同济大学培养人才能力和学术研究的水平，而且也促进了学科的发展和国家的建设。多年来，我一直希望能有机会将我们同济大学的优秀博士论文集中整理，分类出版，让更多的读者获得分享。值此同济大学110周年校庆之际，在学校的支持下，"同济博士论丛"得以顺利出版。

"同济博士论丛"的出版组织工作启动于2016年9月，计划在同济大学110周年校庆之际出版110部同济大学的优秀博士论文。我们在数千篇博士论文中，聚焦于2005—2016年十多年间的优秀博士学位论文430余篇，经各院系征询，导师和博士积极响应并同意，遴选出近170篇，涵盖了同济的大部分学科：土木工程、城乡规划学（含建筑、风景园林）、海洋科学、交通运输工程、车辆工程、环境科学与工程、数学、材料工程、测绘科学与工程、机械工程、计算机科学与技术、医学、工程管理、哲学等。作为"同济博士论丛"出版工程的开端，在校庆之际首批集中出版110余部，其余也将陆续出版。

博士学位论文是反映博士研究生培养质量的重要方面。同济大学一直将立德树人作为根本任务，把培养高素质人才摆在首位，认真探索全面提高博士研究生质量的有效途径和机制。因此，"同济博士论丛"的出版集中展示同济大学博士研究生培养与科研成果,体现对同济大学学术文化的传承。

"同济博士论丛"作为重要的科研文献资源,系统、全面、具体地反映了同济大学各学科专业前沿领域的科研成果和发展状况。它的出版是扩大传播同济科研成果和学术影响力的重要途径。博士论文的研究对象中不少是"国家自然科学基金"等科研基金资助的项目,具有明确的创新性和学术性,具有极高的学术价值,对我国的经济、文化、社会发展具有一定的理论和实践指导意义。

"同济博士论丛"的出版,将会调动同济广大科研人员的积极性,促进多学科学术交流、加速人才的发掘和人才的成长,有助于提高同济在国内外的竞争力,为实现同济大学扎根中国大地,建设世界一流大学的目标愿景做好基础性工作。

虽然同济已经发展成为一所特色鲜明、具有国际影响力的综合性、研究型大学,但与世界一流大学之间仍然存在着一定差距。"同济博士论丛"所反映的学术水平需要不断提高,同时在很短的时间内编辑出版110余部著作,必然存在一些不足之处,恳请广大学者,特别是有关专家提出批评,为提高同济人才培养质量和同济的学科建设提供宝贵意见。

最后感谢研究生院、出版社以及各院系的协作与支持。希望"同济博士论丛"能持续出版,并借助新媒体以电子书、知识库等多种方式呈现,以期成为展现同济学术成果、服务社会的一个可持续的出版品牌。为继续扎根中国大地,培育卓越英才,建设世界一流大学服务。

伍 江

2017 年 5 月

前　言

　　互联网中多种服务形式的本质是信息交换,但海量的信息来源广泛,良莠不齐,有益信息和危害信息混杂一起,严重阻碍了互联网的发展。因此,如何判断信息内容是否可信,即解决"内容信任"问题,是一项十分紧迫和具有挑战性的工作。本书提出了基于在线文本信息内容的可信性评估方法来解决该问题。该方法结合自然语言理解、语义Web、文本挖掘以及信息检索等技术,帮助用户准确可靠地评估在线文本内容的可信性。针对信息文本中的不同对象,分析了信息内容中蕴含的信任语义,提出了三类核心的信任特征:信任文本属性、信任事实和信任证据。其中,第一类表达了信息内容的浅层次语义信息,而后两类从不同侧面表达了信息内容的深层次语义信息。本书针对每类信任特征分别提出了一系列的信任语义分析,信任特征提取挖掘以及相应的文本可信性评估算法并进行了体系化的理论研究工作。

　　本书提出了以下创新性的观点和理论:

　　1. 对信息内容中包含信任因素的潜在语义进行了分析。从广泛的社会信任现象中获得启示,提炼蕴涵在信息内容中表达文本信任语义的多维信任特征,进一步提出了文本信任属性、信任事实和信任证据三类

1

核心信任特征,并给出了形式化定义。

2. 信任文本属性的提取及其上的序分类理论。根据信息内容的浅层次文字和形式,结合统计语言模型,提出了一种高效的,适用于大规模文本的信任文本属性提取方法;进一步研究了信任文本属性上的序分类理论,提出了基于信任文本属性的 Ranking 学习算法,并应用到不良文本信息检测中。

3. 信任事实的识别及其智能化度量方法。信息内容中包含了大量反映文本可信性的信任事实,基于有限自动机,提出了一种信任事实语句的识别算法,研究了不同类型的信任事实,利用识别出的信任事实,提出了一种基于 Web 智能的文本可信性评估算法。

4. 信任证据的挖掘及其多源求证理论。分析了在线文本中反映文本可信性的信任证据,基于句法分析的依赖树提出了一种信任证据的挖掘算法,研究了信任证据的多源求证理论,提出了基于该理论的信任证据多源求证计算模型,并应用到在线新闻文本的可信性评估中,通过试验,证明了该方法的有效性。

5. 基于 Bayesian 网络的内容信任统一框架。研究了多维信任因素下的 Bayesian 网络表示和形式化方法,提出了统一 Bayesian 信任模型的构建和推理算法。同时,基于前面提出的多维信任特征的提取和评估方法,设计了一个基于文本可信性评估的垂直搜索引擎应用示范。

这些观点和理论贯穿了内容信任的三个主要方向。本课题研究的大量实验结果也表明我们提出的算法是可行有效的。其中提出的很多算法也被应用到国家自然科学项目中。

目 录

第 1 章

绪 论

1.1 概 述

互联网已经发展成为一个拥有几十亿页面的信息空间,同时包含的页面数量仍在以每 4～6 个月翻一番的速度快速增长[1]。由于 Web 上包含的信息丰富多样,这使得 Web 成为人们查找信息以及信息交互的一个重要媒介。互联网中多种服务形式的本质是信息交换,一般来讲,Web 信息资源具有以下几个特点。

(1) 数量巨大,增长迅速

随着网络覆盖范围的不断扩大以及网络技术的发展,存在于网络上的信息资源以飞快的速度传播并迅速增长。据美国国际数据公司(IDC)与 EMC 公司最新统计,目前全球在互联网上的网站数量已经突破一亿,而网页数量已经达到万亿级,每天发布数百万条新信息,全网提供的信息总量逾 5 000 亿 GB。

(2) 内容丰富,形式多样

数量巨大的网络信息资源来源于各行各业,包括不同学科、不同领域、不同地区、不同语言的各种信息,其内容是非常丰富的,并且以文本、图像、音频、视频、软件和数据库等多种形式存在。

（3）结构复杂，分布广泛

互联网是开放性的，通过 TCP/TP 将不同的网络链接起来，对网络信息资源的组织管理并无统一的标准和规范，信息广泛分布在不同地区的服务器上，服务器有不同的操作系统、数据结构、字符集、处理方式等。

（4）无序混乱，质量参差

互联网改变了信息发布和评价的程序，网络信息分布具有很大的自由度和随意性，缺少必要的质量控制和管理机制。各种虚假信息、劣质信息充斥互联网，信息污染程度逐渐加深，信息内容繁杂、混乱，质量良莠不齐，安全存在隐患，给用户选择、利用网络资源带来了障碍。

随着互联网使用的日益广泛和普及，这些特点往往导致了以下问题。

（1）爆炸的网络信息资源不可信

开放的互联网中，因为网页的过时、新闻的失真、垃圾邮件、牟利广告、黄色网站、恶意攻击、反动宣传等无处不在，使得爆炸的信息资源越来越不可信。人们在互联网上进行各种活动时，越来越多地面临着许多安全隐患。因此，安全有效地利用这些网络信息资源成为目前急需解决的问题。

（2）互联网中的信息质量难以监控

网络信息的发布具有很大的自由度和随意性，缺少相应的质量控制和管理机制。传统网络安全机制包括加密、证书、授权、访问控制等方法，主要解决的是身份和角色的可信与否，本质上是实体信任的问题。然而，互联网中多种服务形式的根本是信息交换，实体信任只能反映实体身份的合法性，不足以保证交互信息内容的质量。

近年来，很多学者和商业应用都采用实体信任对网络资源进行信任度评估。但在采用实体信任去解决安全问题时，绝大多数研究者都假设支持信任评估的数据已经获得，然后在此前提下开展信任度研究，而忽略了评估数据的具体获取过程。尽管实体信任的研究已不断深入，但其实质是一种面向身份认证的技术,不能有效解决信息内容的安全问题。此外,这些支持信任评估的数据都是评估对象本身之外的数据,而忽略了最核心、最重要的原始数据:信息资源本身的内容。信息资源的内容中含有大量影响资源本身可信性的信息,这使得从资源内容本身判断资源可信性成为可能。

当评估某一实体所提供的信息资源的信任度时,该实体的信任度不是它所提供信息资源的信任度的决定因素,而只是其中的一个影响因素。如何判断信息内容是否可信,即解决"内容信任"问题,是一项紧迫而具有挑战性的工作,迫切需要研究一套基于信息内容的文本可信性评估理论和方法。本书正是这样一种基于内容信任的评估方法,所研究的内容属于内容安全的一个分支。同时,本书把研究范围限定在互联网环境中,如无特殊说明,本书所指的文本均指在线 Web 信息文本。

本书所研究解决的内容信任问题具有以下意义。

(1) 为网络信息资源选择和有效使用提供了方法

随着网络时代的到来,电子政务、电子商务、Web 医疗系统、网络社区、网络游戏等诸多信息系统大量涌现,产生了许多需要以信任为依据的决策需求。P2P、移动计算、普适计算、网格计算等分布计算资源使用方式的改变,都呼吁需要对资源进行合理选择和有效使用。本书提出的方法直接对信息资源对应的信息内容进行信任特征提取,感知和理解信任语义,支持开放信息资源的合理选择和有效使用。

(2) 为网络文化健康发展提供了安全保障

开放信息资源良莠不齐,有益危害信息混杂在一起,传统的信任度评估方法不奏效。本书提出的方法实现信息文档内容信任的自动判定,可为网络信息资源的安全获取提供保障,可对不良有害信息进行阻断,为人们大胆放心地使用信息资源提供了科学依据和手段,保障了网络的健康发展。

（3）丰富了信息理论和方法

内容信任是对信息质量的一种评估,是实体信任在信息科学中的扩展。本书提出方法是网络信息安全解决方案的补充和增强。另外,网络分布计算资源的调度和管理,长期缺乏有效的方法,内容信任度计算提供了该领域管理决策的理论依据。其次,本书以自然语言理解的理论和方法为指导,研究基于信息内容的信任语义获取,将研究对象限制为网络共享的信息文本,将自然语言"理解"限制为信任语义"感知",从而一定程度上促进了自然语言理解学科的应用和发展。

1.2 信任与内容信任的研究现状

1.2.1 人类社会普遍的信任现象

自从有了人类社会以来,信任在人类生活中一直是一个普遍而重要的概念。日常中的很多事情都不可避免地关系到信任问题[2],例如婚姻的基石就是建立在双方互信的基础之上。信任已经成为西方社会科学界的一个热门课题。诚信也是商品社会的基础,经济学家认为信任实际上是人们规避风险、减少交易成本的一种理性计算[3]。在信息不完备的情况下,信任是规避风险的最好手段。信任是资源的一种无形资产,是资源竞争的有力武器[4]。心理学家从认知过程的分析出发,认为信任是行为体对情境的反应,是由外部刺激而决定的个体心理和行为[5]。

信任是一个多学科话题,曾在心理学、社会学、哲学、经济学、管理学、人类学、历史及社会生物学等多种不同类型的文献中被提及。对信任问题的研究已经跨越了学科的边界,成为一种多学科视野的交叉研究。近年来,在计算机科学领域也有许多研究者以信任为目标展开了各自不同侧重点的研究。很少有一个概念像信任一样,在如此广泛的领域内被考察和研究。

2005 年，Nature 和 Science 杂志分别刊登了"信任感的生物学基础"[6]和"信任在大脑中是什么样的?"[7]两篇文章，试图从生理和心理上理解和解释人类社会中信任的本质，寻找人类是如何度量和评估信任的，以及影响人类信任感的各种因素。

在 Webster 字典中，信任被定义为：(1) 对某人或某事的假设性依赖。其信心基于该人或该事的特性、能力、实力或真实性；(2) 一定条件下赋予某种关系权利或责任的信心；(3)（对某实体）给予信心。而 Oxford 字典则简单地定义信任为：对一实体可靠性、真实性或实力的信心[8]。

1.2.2　计算机学科中的信任概念和需求

分布计算资源使用方式的改变大大增加了信任在计算机科学中的应用需求。Rahman 等认为信任是一种主观信念，是一个 Agent 评价其他Agent 或 Agent 团体实际行为的主观可能性程度[9]。国内部分学者认为信任是一定上下文环境中，根据网络中服务节点行为所体现的可靠程度，对目标节点提供服务(资源)的能力的评估，包括对节点过去行为的观察以及其他节点对该节点的推荐信息[10]。

计算机领域内对于信任的研究主要包括两类。一是对用户身份的信任(Identity Trust)，即用户身份的核实验证以及用户权限问题等，通常采用静态验证机制(Static Authentication Mechanism)，通过加密(Encryption)、数据隐藏(Data Hiding)、数字签名(Digital Signatures)、授权协议(Authentication Protocols)以及访问控制(Access Control)等方法来实现，是传统安全研究中的重点。二是对用户特定行为的信任 (Behavior Trust)，即对用户提供某项服务的能力的判断。一般通过实体的行为历史记录和当前行为的特征来进行动态判断。尽管仍可以利用各种传统的技术，但由于前者基于客观证据，而后者具有一定主观性，对其进行描述和验证难度较大，本书将其总称为实体信任,当前计算机领域内关于信任的研究主要集中在这个方面,并大量地运用到信息安全中[11-15]。

所谓"**实体信任**",是指根据某一资源实体的身份和行为对其可信性进行判断的一种机制,它是对该资源一个外在的描述,其建模的方法主要是基于实体本身的相关属性,仅仅考虑到实体交互过程中存在的信任问题,而没有真正考虑实体间信息内容交互的本质。因此,近年来,内容信任作为一个全新的方向引起了国内外高度的关注[16]。所谓"**内容信任**",是指在特定的上下文环境下,根据信息资源本身的一段或整个信息内容来对该信息进行可信性评估的一种机制,其反映的是该信息源的本质特征,信息内容的可信程度由与内容信息相关的多种因素决定。内容信任是一个全新研究热点,其概念主要是从 Semantic Web 体系架构的信任层中提炼出来的。

1.2.3 实体信任和安全机制的研究现状

传统的信息安全机制是基于实体身份的存取控制策略,主要包括加密、证书、授权、访问控制等方法,可保证一定程度的身份安全性。其目标是确保信息的真实性、保密性、完整性、可用性、不可抵赖性、可控制性、可审查性等。然而,在开放的互联网中,由于加入的资源主体数目巨大、运行环境的异构性、活动目标的动态性和自主性等特点,各主体往往隶属于不同的权威管理机构,在跨多安全域进行授权时,基于身份访问控制策略和技术显得力不从心。因此,实体信任作为一种传统安全机制的补充被提了出来。

现阶段国内外实体信任方面的研究工作比较多,主要集中在信任度量模型、信任关系模型、信任管理模型及基于信任的具体应用等方面[17-20]。1996 年,Beth 等首先提出了信任定量化的概念和方法,将信任分为直接信任和推荐信任;Rahman 等[21]提出了信任度评估模型及信任度传递协议和计算公式;Jøsang 等[22]提出了基于主观逻辑的信任度计算方法;麻省理工大学的 Mui 等[23]从社会学和进化论的角度给出了一个信任和信誉的计算模型。在信任管理方面：首次提出"信任管理"概念的是 Blaze 等人[24]，最具代表性的信任管理系统是 Policy Maker 和 KeyNote，Chu 等[25]开发的信任管理系统 REFEREE，其主要目的是解决 Web 浏览的信任问题。在基于信任的应用方面：Pennsylvania 大学的 Liu 教授[26]研究了基于信任的联邦政府信息共享系统；斯坦福大学将 EigenTrust 模型[27]应用到了网格中，提出了网格环境下的 EigenTrust 模型。此外，南加里福尼亚大学的 Kai Hwang 教授[28]已经在网格资源调度中引入了信任的模糊测度。

在国内，北京大学的陈钟教授等[10]运用模糊集合理论对信任管理问题进行了建模，提出了信任关系的推导规则；国防科技大学王怀民教授等[29]探讨了基于推荐的 P2P 环境下的 Trust 模型；南京大学吕建、曹春[30]课题组研究了软件协同服务中的信任评估模型；北京邮电大学的陈俊亮教授等人研究了 P2P 网络中基于实体行为的分布式信任模型；清华大学的林闯教授等[31]利用随机模型分析了网络安全中的可信性，在可信网络方面取得了很大的进展。此外，中国科大的杨寿保，北京航空航天大学的张其善、怀进鹏，上海交大的陈克非，同济大学的向阳，武汉大学的何鹏，复旦大学的张施勇，东北大学的刘积仁，北京理工大学的曹元大等教授也开展了信任模型研究工作[32-38]。

信任在计算机安全领域的研究最早要追溯到 20 世纪 70 年代初。1972 年，J. P. Anderson 在文献[39]中首次提出了"可信系统"的概念，将"信任"一词引入计算机安全领域。20 世纪 80 年代中期，美国国防部在计算机保密模型(Bell&la Padula 模型)的基础上，制订了可信计算机系统安全评价准则(Trusted Computer System Evaluation Criteria，TCSEC)。TCSEC 第一次正式明确了信任在计算机安全领域的重要地位[40]。

1994 年，Marsh 首先尝试将社会网络中关于信任关系的研究引入计算机网络环境[41]，从而引起了业界对于网络环境下信任问题的研究兴趣。随着 Internet 的不断发展深化以及网络社会化进程的加快,全球的计算资源日益丰富。网络应用开始从面向封闭的熟识节点群体和相对静态的形式向开放的、公共可访问的和高度动态的模式转变。这样的转变逐渐模糊了管理边界,使得应用环境的安全分析变得更加复杂,传统的安全技术和手段远不能适应于这样的应用环境。

另一方面,现有的安全技术,无论是密码算法和协议,还是更高层次的安全模型和策略,都隐含了与信任相关。它们或者预先假定了某种信任前提,或者其目的是为了获得和创建某种信任关系。所以,信任管理作为网络安全技术的重要前提与基础,正日益成为网络安全研究的焦点[42]。

在开放的网络环境中,各主体间相互独立,而主体之间进行有效的交互必须首先建立相互的信任关系。在任何具有一定规模的分布式应用中,信任都是一个基础性的问题。越来越多的研究人员意识到,信任机制在开放网络环境下的重要作用。正如 Luhmann 所言,信任是一种简化复杂的机制[43]。网络信任机制的存在将有利于提高网络交互的效率,改善网络环境。

自 1999 年以来,"可信计算"作为实体信任的另一种形式,被提了出来[44]。1999 年 10 月,由 Intel,Compaq,HP,IBM,Microsoft 等成立了一个"可信计算平台联盟(TCPA)"。2002 年 5 月 Microsoft 所发布的"可信计算"白皮书中,提出了未来 10 年微软实施可信计算战略的目标、措施和策略。2003 年,可信计算联盟 TCPA 改组为可信计算组织 TCG,其任务就是发展、定义并推广开放的硬件可信计算和安全技术标准,并涵盖硬件模块、软件界面、跨平台、外围设备等。

1.2.4 内容信任研究的兴起

内容信任是内容安全研究的一个分支,内容安全管理技术可以细分为电子邮件过滤、网页过滤、反间谍软件等多个研究子领域,这些技术对于互联网的安全起到至关重要的保障作用。

美国南加利福尼亚大学的 Yolanda Gil 和 Donovan Artz 认为：实体信任只能反映实体身份的合法性，不足以保证交互信息的可信与否[16]。要想真正解决信息内容的可信性，必须研究内容信任的问题。

国外一些学者初步地开展了内容信任的相关研究，而国内在这方面的研究很少。2004 年，德国的 Bizer 和 Oldakowski 等[45] 提出了基于上下文环境及内容的信任机制，并把它与 Semantic Web 中基于声誉的信任机制进行集成。2006 年，德国 Bamberg 大学的 Hess，Stein 和 Schlieder[46] 通过整合论文本身及参考文献的信任信息，开发了一个基于信任网络的论文推荐系统。这些研究虽然与内容信任有关，但都只是简单地提及内容信任的某一方面，远远没有达到应有的要求。

作者所在的课题组从 2005 年开始对内容信任作了较为广泛的研究，在汉语信任素材的收集[47]、基于摘要的信息文本信任度评价[48]、电子邮件的信任评估机制[49]、信任事实的提取和评估[50]和不良网页过滤[51]等多项研究中取得了较好的成果。

1.3 存在的问题

随着研究的深入，传统实体信任的一些问题逐渐暴露出来，其中一些已成为该研究领域进一步发展的阻碍。但是，从另一方面看，它们也揭示了下一阶段的研究内容。特别是自然语言理解，语义 Web，文本挖掘，信息检索等相关技术的发展，为内容信任问题的解决提供了可行的手段。目前，关于内容信任方面的研究主要面临以下几个问题：

（1）信任一词在社会科学和计算机科学领域反复被定义，且很多情况下相互抵触和滥用，导致信任含义模糊，实体信任和内容信任经常混淆。

（2）在采用实体信任去解决安全问题时，绝大多数研究者都假设支持信任评估的数据已经获得，然后在此前提下开展信任度量，而忽略了评估数据的具体获取过程。此外，这些支持信任评估的数据都是评估对象本身之外的数据，而忽略了最核心最重要的原始数据——信息文本的内容。

（3）以往的各种信任评估模型都是针对信任的某一方面而建立的，人为地规定一些指标进行信任评估，具有很大的局限，缺乏普遍通用性。

（4）内容信任的评估相比实体信任的评估难度要大，加上信息内容安全研究的理论基础相对薄弱，研究人员少，导致利用内容信任解决网络资源安全问题的方法尚未真正出现。

本书将重点解决前三个问题，以期为问题（4）的研究提供基础和支持。

1.4　本书主要工作和组织安排

本书探讨了互联网环境中基于信息内容的文本可信性评估方法。针对信息文本中的不同对象，本书分别提出了三类信任特征的概念：文本信任属性，信任事实和信任证据。其中，第一类表达了信息内容的浅层次语义信息，而后两类从不同侧面表达了信息内容的深层次语义信息。本书针对每个类别提出了一系列的信任特征提取挖掘和相应的文本可信性评估算法并进行了体系化的理论研究工作。

全文组织如下：第1章简要介绍了本书工作的研究背景，研究价值，阐明了本书工作的主要贡献。在接下来的第2章中，首先给出基本的多维信任特征相关概念和定义，包括文本信任属性，信任事实和信任证据。第3章讨论了文本信任属性的提取过程，研究了文本信任属性上的序分类理论，并应用到不良文本信息检测中。第4章讨论了信任事实的发现方法。包括文本中陈述语句的识别，原子信任事实的可信性度评估以及相应的试验分析。第 5 章讨论信任证据挖掘方法，包括信任证据的发现，推导并将其运用到在线文本可信性的评估当中，同时给出了试验结果和相关的分析讨论。第 6 章在前面三章内容的基础上，提出了一个统一的内容信任框架，设计了一个基于文本可信性评估的垂直搜索引擎应用示范。最后，第 7 章对研究工作进行了总结，并探讨了未来工作的方向。全书框架结构图如图 1-1 所示。

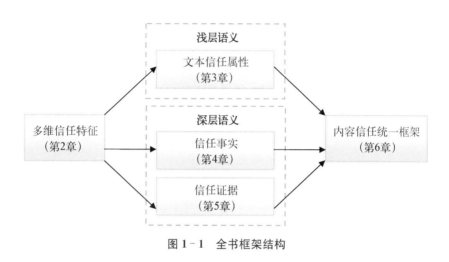

图 1-1　全书框架结构

第2章

内容信任中的多维信任特征

本章以心理学、社会学、经济学、管理学等传统学科的研究为基础,从计算机科学的角度对互联网中的信任研究进行了详细分析,明确了对网络环境下信任的认识;在此基础上,提出本书所研究的主要内容—内容信任的概念,提出内容信任中的多维信任特征,进一步加以提炼,定义了三类核心的信任特征:文本信任属性、信任事实和信任证据。这些概念和定义为后面的章节奠定了基础。

2.1 信任现象及其多维信任特征

随着互联网的深入发展,网格计算、移动计算、P2P 计算等新型计算技术的兴起,人们日益认识到在互联网的可信性已经成为一个亟待解决的问题。对于网络环境中的各种信任机制,必须首先认识到信任的来源、分类、作用等本质特征,才能探索合理有效的信任机制来保障互联网的安全。本节首先分析复杂社会信任现象以及网络环境中的信任现象和需求。

2.1.1 人类社会的复杂信任现象及其特征

信任在人类生活中一直是一个重要的概念,日常中很多事务都关系到信任。计算机科学中的信任概念也是从人类社会中借鉴过来的。因此,本节首先从人类社会信任现象着手进行研究。基于考查信任的不同视角,各学科的学者们给出了各种信任不同的定义,表达了对信任各自不同的理解,也对信任从作用、来源、形成的基础等方面进行了各种分类。

一般从研究对象来说,可将信任分为人际信任和系统信任,而系统信任中可以分为组织层次的信任和社会层次的信任。按信任关系中的主体,可以将信任分为人际信任、个人组织信任和组织间的信任等。

Sako 认为信任是对他方未来可能行为的预期,而该被预测的行为是由许多不同的理由所产生的[52]。据此,他将信任分为三类:契约信任(Contractual Trust),相信对方会履行契约协议,能力信任(Competence Trust)相信对方会有足够的能力,善意信任(Goodwill Trust)相信对方会遵守诺言。

Kramer 则根据信任的来源,认为存在六种信任[53]:作为个人个性之一的先天性信任(Dispositional Trust),基于交往经历的历史性信任(History-based Trust),以第三方为中介而建立的信任(Third Parties as Conduits of Trust),基于相同范畴的信任(Category-based Trust),基于角色的信任(Role-based Trust)和基于社会规则的信任(Rule-based Trust)。

McKnight 和 Chervany 结合了心理学、社会学以及经济学的研究,提出了一个概念上的、抽象的信任模型[54],在该模型中,他们将信任分为信任倾向(Disposition to Trust)、组织信任(Institution-Based Trust)、信任信念(Trusting Beliefs)、信任意图(Trusting Intentions)四类。

2.1.2 社会信任到网络信任的转化

随着计算机和互联网的普及,诸多的网络应用服务形式都出现了大量以信任为依据的决策需求,这些需求在很大程度上推动了信任在计算机科学中的研究和应用。由社会信任到网络信任的转化是计算机和互联网发展的必然趋势,研究社会信任到网络信任的转化有助于更好地把握住现阶段网络环境下信任机制研究的趋势,能够更好地建立实体间的信任关系。

计算机科学领域的研究中,最常见的分类就是将信任分为直接信任和间接信任(或推荐信任)两类[55-58],但对于两者的定义不尽相同。间接信任是指实体 A 对其他实体推荐实体 B,从而实体 B 所获得的信任。

也有的学者对于网络信任进行了较为细致的分类,其中 Grandison 的信任分类较有代表性,体现出了网络信任在应用上的特点,得到了广泛的认同[59]。Jøsang 对于信任的研究更注重于逻辑和语义上的分析[60],首先,他将基础结构信任(Infrastructure Trust)扩展为上下文信任(Context trust),把应用场景,包括系统、制度等因素都考虑进去。其次,他将身份信任命名为 Identity Trust,从而把 Grandison 局限于证书认证(Trustee Certification)的身份信任也给予了扩充此外。Jøsang 指出,服务信任(Provision Trust)和身份信任(Identity Trust)是网络信任的基础,并强调服务信任是当前网络环境下信任(声誉)研究的重点。

结合上面内容,本书根据信任的语义进一步进行拓展,对网络环境中的信任进行分类总结,如表 2-1 所示。

表 2-1　信任的分类

类　别	说　明	例　子
服务信任	是对某个用户提供服务的评价	某个在线商店提供的售货服务
评价信任	是对某个用户提供的反馈的评价	某用户对其他用户的评价的准确性
资源信任	对某个具体资源自身的评价	文件的真实性
身份信任	是对某个用户身份可信度的评价	该用户是否与当前的身份相符
系统信任	是对系统提供的保险机制的评价	系统的政策、保险服务

从上述的信任分类中可以看到,信任的内涵已经逐渐由社会信任向网络信任进行延伸,并逐步渗透到用户在网络活动中的各个层面上。

2.1.3　网络环境下的信任特点

经过心理学、社会学、管理学以及计算机科学等领域对于信任多方面的研究,人们发现,信任是一种复杂的二元关系,并不具备一般二元关系普遍具有的典型数学特性[61]。而网络环境的开放性、动态性使信任的研究难度更大。对信任的特性进行较为全面的分析和总结,是进行网络环境下信任研究的基础工作。网络环境下信任的主要特性包括:主观性、可度量性、上下文相关性、动态性、历史稳定性和滞后性。

互联网的可信问题源于互联网环境中实体行为和信息资源内容的不可控性和不确定性,而这与互联网本身的分布性、开放性、动态性与资源的成长性、自治性、多样性等自然特性有着密不可分的关系。研究发现目前的分布式网络环境,如网格计算、P2P 计算、电子商务、普适计算、社会网络等都有信任方面的需求。建立网络环境下的信任模型,就必须首先充分了解网络环境中的信任需求。本书归纳了网络环境下各种信任需求,如表2-2所示。

表 2-2　网络环境下的信任需求

信　任　需　求	描　　　述
基于凭证的信任需求(Credential-based Trust)	
网络安全凭证	Network security credentials
交换凭证的保密性	Privacy in exchanging credentials
凭证描述和策略	Representing credentials and policy
认证分离和访问控制	Separating authentication and access control
基于信誉机制的信任需求(Reputation-based Trust)	
分布式信任机制	Decentralization and referral trust

信　任　需　求	描　　　述
基于信誉机制的信任需求（Reputation-based Trust）	
P2P 网络环境的信任机制	Trust in P2P networks
信任度量	Trust metrics
一般信任模型需求（General Models of Trust）	
综合考虑和信任属性	General considerations and properties of trust
安全策略和信任语言	Security policies and trust languages
信任计算和联机信任模型	Computational and online trust models
网站和信息源的信任需求（Trust in Web Sites and Information Sources）	
一般 Web 中的信任	Trust concerns on the Web
语义 Web 中的信任	Trust concerns on the Semantic Web
基于超链接的信任	Trust using hyperlinks
基于信任的信息过滤	Filtering information based on trust
语义 Web 中的过滤	Filtering the Semantic Web
内容信任	Content trust

2.1.4　多维信任特征

为了使计算机能自动对信息文档的内容作信任判断，需要研究影响判断文档内容可信的因素，以使机器能自动感知理解这些信任因素，并按照一定模式分析得出结论。研究发现文档内容中蕴含有许多重要和共性的信任因素，本书称之为信任特征，如表 2-3 所示。本书将多维信任特征获取的范围限定在互联网上的在线文本中，前提是这些文本已经下载下来，并按标准格式统一存放起来。

定义 2-1（信任特征）　所谓信任特征，是指文本内容之中蕴含的能够表达该文本可信性的语言特征，该特征表达了该文本的一种信任语义。形

表 2 - 3　多维信任因素类型

信任特征类型	信任语义	实　例
内容主题	信息文档某一方面主题能够被信任并不意味着其他方面也是可信的。	一个权威电影评论网站关于某个导演的评论是可信的,但上面关于电影公司股票价格的信息却不可信。
上下文环境	文档内容的上下文环境决定了用户判定内容是否真实可信的标准,它对文档内容可信判断起关键作用。	如文档内容在娱乐信息环境下,所表达的内容仅仅是娱乐,而非真有其事。
时效性	信息内容,关联实体和用户的信任度往往随着时间的改变而改变。	一个几个月前有着不良信誉的网站能够通过改善它的服务质量而提高其信誉度。
相关文档	文档与其他文档的关联会将一些信任传输到对本书档的内容信任。	文档上超链接会将对被链接文档内容的信任传递到对本书档的信任。
选择性	文档选择的匮乏可能导致对不准确信息的信任。	独家报道的新闻容易误导读者。
偏　好	一个有作者偏好的信息文档可能会令人误解而不真实。	制药公司的产品介绍文档中偏好审查结果而忽视其他信息。
特定性	精确而特定的内容比抽象的内容更可信。	统计数据说明特定城市特定区域内的房价预测比笼统地预测要可信。
外　观	用户对信息文档外在的感觉往往能够影响他对该信息的信任程度。	网站的设计和布局都对用户的信任程度产生影响。
权威性	整个信息文档发布源在该内容领域中的权威性影响文档内容的可信。	来自财经新闻中的汇率信息比来自论坛中更可信。
出　处	文档每个单元的来源往往影响它所发布文档内容的可信性。	博客上的许多信息单元来源的信任度较低,影响其内容的可信。
动　机	如果一个信息文档有详细动机、用途说明,则该文档会更可信。	网上招聘信息越详细就越可信。
接受程度	如果某个文档内容被许多用户所使用或引用,那么它很可能是可信的。	大家相信有着庞大的用户群的新浪网上信息。
一致性	文档内容与其他文档内容在关键点上一致,用户就可判断其内容可信。	如果文档内容上有许多正方观点链接的信息,这样的文档可信。
其　他	……	……

式化定义如下：

$$TrustFeature(D) = (feature_1, feature_2, \cdots, feature_n) \qquad (2-1)$$

其中,D 是包含文本内容的字符串,$feature_i$ 是文本中包含的信任特征。

根据上面的多维信任特征,本书重点研究并归纳出下面三类核心信任特征:文本信任属性,信任事实和信任证据。文本信任属性是文本的浅层次语义,表达了一定的信任信息,如文本中的字,词等文本特征;信任事实是文本中表述事实的陈述语句,用来表示文本的客观性;而信任证据是文本内容中蕴含的支持该文本可信与否的一种语义信息。本书认为,第一种信任特征表述了文本内容的浅层次的语义,而后两种信任特征表达了该文本的深层次的语义,组合起来能够全面客观地反映整个文本的信任语义。

下面,本书分别从这三个方面对多维信任特征进行描述。2.3 节介绍文本信任属性,2.4 节和 2.5 节分别对信任事实和信任证据进行阐述。在描述这三类信任特征之前,有必要先进一步阐述本书的研究对象信息文本及其内容可信性。

2.2　互联网中的信息文本及其内容可信性

要研究和分析 Web 文本内容中所包含的多维信任特征,必须研究信息内容的载体:Web 文本。本节介绍 Web 文本的特点,表示方法及其预处理,然后重点介绍 Web 文本内容可信性的含义。本书所研究的对象均为Web 上的在线文本。

2.2.1　互联网中信息文本的特点及表示

随着 Internet/Intranet 的迅速发展,网络正深刻地改变着人们的生活,

Internet 已经发展成为当今世界上最大的信息库。而在网上发展最为迅猛的 WWW 技术,以其直观、方便的使用方式和丰富的表达能力,已逐渐成为 Internet 上最重要的信息发布和传输方式。据美国加利福尼亚大学伯克利分校一项对 Web 静态信息的统计表明[62]:截止到 2000 年 7 月,整个 Internet 上大约有 25 亿的 Web 页面,大约 25~50 TB 的信息量(其中有 10~20 TB 的文本信息),并且以每天 730 万网页、0.1 TB 信息量的速度增长。同时,另一项对于 Web 动态信息的统计表明[63]:到 2000 年 7 月份时,互联网上大约有 5 500 亿的 Web 相关文档,超过 750 TB 的信息量。根据 Robert H Zakon 的研究[64],2002 年 3 月份时,Internet 上已经拥有约 38 000 000 个站点。到 2009 年,全球在互联网上的网站数量已经突破一亿,网页数量已经达到万亿级,互联网所提供的信息总量逾 5 亿 TB。

Internet 网络上蕴含着非常丰富的信息资源,但要从这个信息海洋中准确方便地找到并获得所需的信息,却比较困难。如何快速、准确地从浩瀚的信息资源中寻找到所需的信息已经成为网络用户的一大难题。这就是所谓的"Rich Data Poor Information"问题。因而基于 WWW 的网上信息的采集、发布和相关的信息处理日益成为人们关注的焦点。本书对 Web 上的信息文本作如下定义:

定义 2 - 2(信息文本)　信息文本 D 是一个由有效语法单位 U 组成的具有自然语义的信息单位,通常由字、词、句等组成,并按一定方式构成段落和篇章。

$$D = (u_1, u_2, \cdots, u_n),其中,u_i \in U \tag{2-2}$$

其中,D 是包含文本内容的字符串,u_i 是有效的语法项。

除了对信息文本进行定义,还需要用适当的方式对其进行表示。目前常用的基本书本表示模型主要有:向量空间模型[65]、布尔逻辑模型和概率推理模型等,以及在此基础上的扩展模型和混合模型。根据研究内容,本书选用向量空间模型对文本进行表示。

对文本进行了计算机表示后,在进行信任语义分析前,还需要进行预处理。预处理是 Web 文本分析的第一个步骤,也是比较重要的一个步骤。在这里,信息预处理指的是抽取代表文本特征的元数据(特征项),对元数据进行标记、语形学分析、词性标注、短语边界辨认等,一般"词"能表达完整的语义对象,所以通常选用词作为文本特征的元数据。而中文文本的预处理较英文文本的预处理更为复杂,因为中文的基元是字而不是词,字的信息价值比较低,句子中各词语间没有固定的分隔符(如空格),因此,对中文文本还需要进行词条切分处理。现有的分词算法可分为三大类:基于字符串匹配的分词方法、基于理解的分词方法和基于统计的分词方法。本书统一采用基于统计的分词方法对 Web 文本中的内容进行分词。同时采用北京大学计算语言学研究所(http://icl.pku.edu.cn/)开放的语料库和中国科学院计算技术研究所发布的 ICTCLAS 分词系统(http://www.nlp.org.cn/)支持本书中所用到的文本的部分标注和分词功能。

2.2.2 信息文本的内容可信性

在对 Web 文本进行了适当的表示和预处理之后,最重要的是根据文本的内容理解其语义,进而能够挖掘出评估文本可信性的信任特征,评估出文本的可信性。那么,什么是文本内容的可信性呢?

根据上文对信任特征的叙述和总结,本书给出如下文本内容可信性的定义:

定义 2-3(文本的内容可信性) 所谓文本的内容可信性,是指根据包含文本语义的字符串(即文本内容),用户所能获得的代表文本可信方面的语义信息。

文本的内容可信性具有和上文中信任相类似的特点:主观性、可度量性、上下文相关性、动态性等。

利用计算机评估文本的内容可信性,必须对文本的语义进行理解,这方面可以通过自然语言理解相关技术来完成。自然语言理解技术有两大研究方向,分别是基于规则的分析方法,即所谓的"理性主义";以及基于统计的分析方法,即所谓的"经验主义"。前者基本上掌握了单个句子的分析技术,但是还很难覆盖全面的语言现象,特别是对于整个段落或篇章的理解还无从下手。后者充分利用计算机的高速处理能力和海量存储,收集大量相关的文本建立语料库,并将各种的统计方法或机器学习方法应用于自然语言处理领域。自然语言处理领域的各个方面都用到了基于统计的方法。本书主要采用统计自然语言理解的相关方法。

对文本的内容进行了相关的语义分析之后,就可以利用各种手段进行内容可信性评估了。那么,什么又是内容的信任评估呢? 文本给出如下形式化定义:

定义 2 - 4(文本内容的信任评估)　文本内容的信任评估是指根据信息文本 D,按一定方式对 D 的内容进行语义分析,根据其中所蕴含的信任特征,对信任特征的真实性进行评估并加以总结,从而得到文本内容的可信度,该可信度通常是一个在 $[0,1]$ 范围内的一个值,如式(2 - 3)所示:

$$Trust(D) = s(f_1, f_2, \cdots, f_n) = F(D) \qquad (2 - 3)$$

其中,D 是包含文本内容的字符串,$Trust$ 是最后的可信评估函数,s 是信任特征的评估函数,f_i 是从文本中根据 F 提取出来的信任特征,F 是信任特征提取函数。

语义的提取是文本内容可信性评估的关键,也是现代自然语言处理研究中的重中之重。以语义研究的对象和范围来划分,现代语义研究大致可以分为以下三个层面:词汇语义层,主要研究词的义素组成、多义性以及词义之间的相互关系;句内语义层,主要研究在上下文无关的假设下,句内语义的表达和逻辑推理;句间语义层,主要研究在上下文环境中,句子语义的相互影响关系。

根据这三个语义层面,结合上面提出的多维信任特征,本书提炼出三种不同语义层面的信任特征:词汇语义层上的文本信任属性,句内语义层上的信任事实以及句间语义层上的信任证据。前一个属于浅层次语义特征,而后两个属于深层次的信任语义特征。下面在 2.3 节、2.4 节和 2.5 小节中分别进行阐述。

2.3 文本信任属性的定义

本节从文本的基本单元(字串)出发,发掘能够反映文本可信性的文本属性。文本信任属性是信任特征在文本浅层次语义上的表现。

定义 2-5(文本信任属性) 根据组成文本的字串,把能够反映文本可信性的相关文本属性称为文本的文本信任属性,包括文本的总长度,段落个数,文中的链接数,等等。形式化定义如下:

$$TA(D) = (ta_1, ta_2, \cdots, ta_n) \tag{2-4}$$

其中,D 是包含文本内容的字符串,ta_i 是文本信任属性。

文本信任属性是基于文本字符串的,可以表达文本的浅层次语义信息,因此又将其称作浅层次文本信任属性。如文本时效性就是与文本可信性相关的一个属性,同时可以利用文本字符串中反映时间的子串来近似表达文本的时效性。关于文本信任属性的提取和计算具体信息将在第 3 章中予以详细介绍。这里仅介绍文本信任属性的表示模型。

由于文本的信任属性表达文本浅层次的语义信息,因此可以利用传统的文本特征及其组合来表示文本信任属性。本书采取向量空间模型表示基本的文本,并在此基础上做进一步的信任语义分析。

　　向量空间模型是 Salton 等人[65]于 20 世纪 60 年代末首先提出,并在著名的 SMART(System for the Manipulation and Retrieval of Text)系统得到了成功的应用。现在该模型及其相关技术在信息检索、文本分类和信息过滤等许多领域有着广泛的应用。向量空间模型(VSM)中文档泛指一般的文本。尽管文档中包含的内容多样,如图片信息、文字信息、多媒体信息等,本书只考虑文本信息。

　　定义 2 - 6(向量空间模型,Vector Support Model)　向量空间模型是指将文档 d 简化以特征项的权重为分量的向量表示:$d(w_1,w_2,\cdots,w_n)$。即把 $t_1,t_2,\cdots,t_n$ 看成一个 n 维的坐标系,而 $w_1,w_2,\cdots,w_n$ 为相应的坐标值,因而 $d(w_1,w_2,\cdots,w_n)$ 被看成是二维空间中的一个向量。称 $d(w_1,w_2,\cdots,w_n)$ 为文本 d 的向量表示。

　　定义 2 - 7(项,Term)　文本的内容特征常常用它所含有的基本语言单位(字、词、词组或短语)来表示,这些基本的语言单位被统称为文本的项,即文本可以用项集(TermList)表示为 $d(t_1,t_2,\cdots,t_n)$,其中 t_k 是项,$1 \leqslant k \leqslant n$。

　　定义 2 - 8(项的权重)　项的权重(weight)对于含有 n 个项的文本 $d(t_1,t_2,\cdots,t_n)$,常用一定的权重 w_k 表示项 t_k 在文本 d 中的重要程度,即 $d = (t_1,w_1;t_2,w_2;\cdots,t_n,w_n)$,简记为 $d(w_1,w_2,\cdots,w_n)$。

　　由于向量空间模型简化了文本处理的复杂度,提高了文本处理的速度和效率,加上网页信息评估系统实时性要求高的特点,本书采用此模型进行文本表示,进而在此模型的基础上提取和计算各种文本信任属性。

2.4　信任事实的定义

　　上节提出的文本信任属性是从浅层次语义方面表达文本可信性。可以看到还有不少信任特征需要在语义上进行更深层次的理解,才能更加准确地表达文本的可信性。例如,客观性是同文本可信性相关的一个重要属性,利用上节提出的方法就较难表达。因此,本节提出了一个能够表达深层次语义信息的单位信任事实来表达这一重要的文本信任特征。

现代汉语中,一般认为"句子由短语或词构成,是具有特定句调能表达一个相对完整的意思的语言单位",也是表达一个相对完整的信任语义的语言单位。句子根据句子功能或语气有陈述、疑问、祈使和感叹四大句类。其中,陈述句是陈述一个事实或者说话人的看法,是信息文本中最能体现文本信息内容的句类,也是信息文本中包含的最多的句类。本书以一种特殊的陈述句——判断性陈述句为基础定义信任事实,具体定义如下:

定义 2-9(信任事实) 信任事实是指信息文本内容中对某事物的概念、属性、特征等作不同程度地判断性(肯定或否定)描述。形式化定义如下:

$$TF(D) = (tf_1, tf_2, \cdots, tf_n) \tag{2-5}$$

其中,D 是包含文本内容的字符串,tf_i 是信任事实。

可以看到,信任事实是建立在文本中陈述语句的基础上,并包含有文本信任语义的一种信任特征。文本在第 4 章中详细介绍如何挖掘出文本中的信任事实,以及如何对其进行可信性评估。

2.5　信任证据的定义

信任证据是文本内容信任判断中另一个重要因素,它是包含在文本内容中的蕴含关系,例如在电影公司的网站上,对新影片《英雄》的介绍说,"该电影由著名导演张艺谋执导,影片会非常引人注目",表达了由信任事实推导出新信任结论的蕴含关系。

本书借鉴一个法律中的案例来描述证据的作用,进而引申出内容信任中的信任证据的概念。

例如:一个有关"张三是否杀人"的案件。整个判案过程由三个层次组成:最底下一层是一系列的证据,这些证据为最后的定罪提供了依据,陪审团根据这些证据来评判这些定罪依据是否成立,进而对张三进行定罪。比如,根据证据推理,得到张三在案发时间出现在案发地点,并且有犯罪动机,人证、物证俱全,陪审团就可以断定张三犯罪的事实,整个过程如图 2-1 所示。

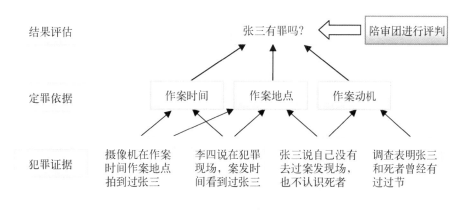

图 2-1 证据的作用

根据上面的描述,发现在判别一个信息文档的内容可信性时,同样存在一个类似的过程。例如,用户在评判一篇在线新闻的可信性时,一般会根据该新闻中所描述的相关事件的信息,如时间、地点等,再结合自己的知识或网上其他信息源,进而综合判断该新闻的可信性。因此,可以把该新闻信息内容中所蕴含的关于事件的信息称作信任证据,并用来评估该新闻的可信性。

本书给出如下信任证据的定义:

定义 2-10(信任证据) 所谓信任证据,是指信息文本中描述某一事件所涉及的时间、地点、人物、事件主题等方面的信息及其之间的相互关联,这些信息的真实可靠性决定了该信息文本的可信性。形式化定义如下:

$$TE(D) = (te_1, te_2, \cdots, te_n) \qquad (2-6)$$

其中,D 是包含文本内容的字符串,te_i 是文本信任属性。

从上面的定义可以看到,信息内容中的信任证据和日常生活中案件的证据是类似的,它们构成了所涉及事件的关键因素。案件中的证据有人证或者物证提供,根据法官或陪审团的判断,最后作为定罪的依据;而信息内容中的信任证据由文本中的信息语义提供,为文本的可信与否提供了评判依据。根据信任证据对信息文档的可信性评估的具体方法将在第 5 章中进行详细描述。

2.6 三种信任特征之间的关系

上面三个小节分别描述了文本信任属性,信任事实和信任证据三种信任特征的相关概念。下文进一步阐述这三种信任特征之间的关系。

根据表 2-3,可以知道多维信任特征因素表达了文本中不同层面上的信任语义。为了系统对文档中信任特征的研究,本书从三个不同的语义层次对信任特征进行了研究。在词汇语义层次上,本书选择了文本信任属性,因为词汇语义层次代表了浅层语义信息,因此该信任特征又可称为浅层文本信任属性;在句内语义层上,本书选择了信任事实作为研究对象;在句间语义层,本书选择了信任证据作为研究对象。句内语义和句间语义均代表了文本的深层次语义信息,因此信任事实和信任证据也代表了深层次语义。三种信任特征之间的关系如图 2-2 所示,其形式化定义如下:

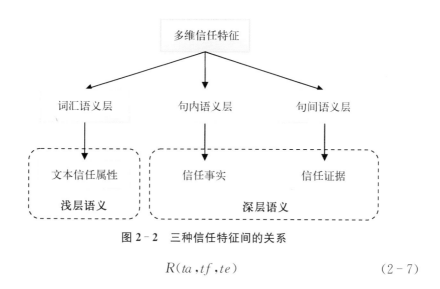

图 2-2　三种信任特征间的关系

$$R(ta, tf, te) \qquad (2-7)$$

其中，ta，tf，te 分别代表了文本中的文本信任属性，信任事实和信任证据。

这三种信任特征没有优劣之分，完全是从三个不同的层次对信息内容中的信任语义进行理解。在实践中可以运用到不同的场合之中。

2.7　本章小结

本章从计算机科学的角度对互联网中信任的特点进行了详细分析，明确了对网络环境下信任的认识；定义了信息文本及其可信性的概念，并阐述其相关特征；同时，提出内容信任中的多维信任特征，并在此基础上重点讨论了信任本书属性，信任事实和信任证据这三类信任特征。本章主要限定了研究范围，给出了研究前提，定义并形式化了内容信任中的相关概念，为后面章节打下了基础。

第3章
文本信任属性的提取及其上的
序分类理论

文本的信任属性表达文本浅层次方面的语义信息,本章基于自然语言理解和文本挖掘理论研究文本信任属性的提取方法,在此基础上提出了根据文本信任属性对文本可信性进行评估的一种方法,该方法将文本的信任评估问题归结到一个序分类的问题上,提出了一个新颖的文本信任属性上的序分类算法,并应用到不良信息的检测当中。本章同时考虑了中文文本和英文文本中的内容信任差别问题。

3.1 文本信任属性的提取需求

开放的互联网中,信息来源广泛,良莠不齐,使得爆炸的信息资源越来越不可信。人们在互联网上进行各种活动时,越来越多地面临着许多安全隐患[66]。安全有效地利用这些网络信息资源成为现在亟需解决的问题。在这样的背景下,基于内容信任的信息检索技术成为一个热门的研究领域[16]。传统的信息检索研究集中在低层特征的研究上,这样的检索系统返回给用户的信息还是包含着大量的不相关,甚至是不良信息。基于内容信任的检索系统是一种交互式检索过程,在这个过程中,用户对系统检索出结果的可信性进行判断(如浏览自己认为可信的网页),系统再动态地学习用户的判断结果以更好地把握用户的信息需求,给出更好的检索排列。近年来,内容信任技术逐渐成为文本检索的一个重要组成部分,但人们对该技术的研究才刚刚开始,其工作主要体现在垃圾网页(Web spam),垃圾邮件(E-mail spam)以及 Blog spam,Wiki spam,Fishing 等新出现的不良信息的检测技术上,成为学术界和工业界共同的研究热点[67-70]。

随着互联网在全世界的普及,网络传输技术的迅速发展,每天世界上有惊人数目的信息在互联网上流动。如何快速地从这个巨大的信息流中得到自己想要的信息、过滤掉无用的信息,成为一个重要的课题。这些实时性较强的需求包括:网络有害信息的判别、网络垃圾邮件的判断、实时新闻分类等等。本节从文本信任属性的角度研究文本内容的可信性问题,通过文本信任属性提高不良信息网页的识别效率。

目前,搜索引擎对网页的排名主要依靠内容相关度和网页重要程度两方面来确定。内容相关度可以由 TF-IDF[71] 等信息检索的方法计算,而重要程度往往由 PageRank[72] 和 HITS[73] 等基于链接分析的算法得出。相应地,Spam 技术也主要分为针对内容相关度的 Spam 和针对网页重要程度的 Spam(或者称为基于超级链接的 Spam)两大类。这些 Spam 技术往往会干扰搜索引擎的正常排名结果。

学术界已经在相关领域作出了很多卓有成效的探索。目前,已经发现的比较经典的基于超级链接的 Spam 技术包括链接场(Link farm)、在论坛或者博客中粘贴大量超级链接、购买过期域名和其他网站的超级链接等。为了有效识别这些技术,人们提出了基于信任的传播模型,相关的算法包括 TrustRank[74] 和 BadRank[75],还有一类方法利用链接关系的统计信息来检测基于超级链接的 Spam 技术。Benczur 等人[76] 提出了 SpamRank 算法来惩罚有 Spam 嫌疑的网页。除了上面提到的利用某一时刻网页之间的链接关系来检测 Spam 技术外,Shen 等人[77]还利用不同时刻两张网络链接图的对比信息,提出了基于网站链接关系变化的时域特征 Spam 检测技术。

本节利用第 2 章中提出的文本信任属性这一信任特征,提出了一个基于文本信任属性的不良信息识别方法。该方法不同于传统的垃圾网页分类算法的地方在于:该方法除了利用传统方法所用到的文本特征外,还根据文本的信任特征额外提出了能够反映文本可信性的文本信任属性,将这些信任属性也作为分类特征的一部分,因此能够更好地区分垃圾网页和不良网络信息。

3.2 基于信任语义的文本信任属性提取方法

不良信息(如垃圾网页)的判断可以看成是一个分类问题,最简单的情况将输入信息分成不良信息和普通信息两类。

可以根据文本的特征属性判断文本是否是可信任的。一般说来,一个文本可信性的判断是一个主观的过程,然而能够找到一些相对客观的判断指导原则或标准,比如,可以考察文本的可理解性和表述性。一篇文本的可理解性和表述性越好,其可信性越好。不失一般性,本书将文本分为以下两类:

(1) 可信任类:文本词条拼写正确,较少使用生僻词条,句子连贯通顺,易被用户接受;

(2) 不可信任类:文本内容有失偏颇,内容晦涩难懂,包含大量无用信息。

可以根据信任语义将文本中的不可信任信息分离出来,更好地指导不良信息的识别过程。本节首先介绍文本信任属性的选取和计算,然后介绍通过这些文本信任属性进行分类的过程。

3.2.1　特征项粒度选择

文本信任属性的抽取首先要确定特征项的粒度。常见的文本特征项粒度如下：

（1）字特征：使用字特征的特征抽取过程最简单，而且由于常用的汉字数目很少，国家标准 GB2312-80 中定义的常用汉字为 6 763 个，因此抽取过程的时间和空间开销都不会太大，效率较高。但是字对文本的表示能力比较差，不能独立地完整地表达语义信息。

（2）词特征：与字相比较而言，词汇能够比较完整地表达语义信息，是汉语最小的语义单位。研究表明，如果采用准确率较高的分词技术，以词作为特征项要优于以字作为特征项。

（3）短语特征：用中频的短语特征代替高频的词特征，同时和简单的词汇相比，短语的表现能力更强，更能反映文档的主题。

（4）概念特征：词汇之间存在着同义关系，近义关系，从属关系，关联关系等丰富的语言现象，解决这些问题常用概念标注的办法，把同义的或相仿的项合并为相应的概念类。

（5）N 元字符特征：中文中的 N 元字符（N-gram）就是指一个句子中直接相邻的 N 个汉字。研究结果表明使用 N 元字符的效果和使用词的效果基本相同。

本节后面采用不同的特征项来表达文本信任属性，以尽可能提高识别算法的准确性。

3.2.2　基于信任语义的信任属性选取

基于文本信任特征的可信文本分类区别于常规的文本分类的主要方面在于文本信任属性向量的构造。

常规方法中,特征向量中的特征项取自文本中的字、词或短语,特征项的权值由特征项在文本中出现频率、位置等信息计算得到。这种特征项的选取方法是非常直观的。比如文本中出现词语"姚明",那么,此文本很可能是体育类的;进一步,如果"姚明"在文本标题出现或在正文中多次出现,那么,此文本分到体育类的可能性是非常大的。可信文本分类与此不同,文本中多次出现词语"相信",即使是词语"十分可信",也不能说明这个文本是可信的。可见,文本中孤立的字、词、短语等都不能衡量文本的可信程度。

文献[16]认为文本的可信性与文本的权威性,广泛性,信誉度,上下文环境等息息相关。其中对一些指标的量化已经得到了有效解决。如广泛性可以利用计算指向文本的链接数目,信誉度可以利用其评价文本。这些方法是通过第三方来评判文本的可信性,而对于如何根据文本本身判断其可信性,还没有一个可行的方案。针对文本自身内容,本书从文本的可理解性和表述性两个方面考察了其可信性。

定义 3 - 1(可理解性) 可理解性(Understandability)指文本信息是否能够表达得有序清楚,易被用户理解,可读性强。可理解性反映了文本信息的可用性,可理解性较好的文本可信性较好。

用户对文本的理解程度取决于很多方面,通过大量观察,本书从以下三种文本信任属性衡量文本的可理解性。

(1) 文本中常用词条比例(Fraction of Popular Words,FPW)

由于文本中不可避免地会用到常用词汇,因此根据数据集中词条出现频率,定义人们日常生活中经常使用的词条集合,通过考察这些常用词条在文本中的比例,判断文本是否能够方便被用户理解。

(2) 非标记文本比例(Fraction of No-mark Text,FNT)

由于在 Web 文本中,非标记文本是对用户真正有用的信息,这部分信息的比例影响到用户理解网页的程度。

（3）锚文本数量（Amount of Anchor Text，AAT）

网页中通常含有锚文本，可以作为所在页面内容的评估。一般来说，页面中的链接都会和页面本身的内容有一定的关系。例如，网页 A 中含有锚文本"Computer"，则认为 A 是关于"Computer"的。同时，锚文本也是目标页面内容的精确描述，若该锚文本链接指向网页 B，那么，就可以认为网页 B 也是关于"Computer"的内容。如果用户不满足于网页 A 的内容，那么，可以通过连接到 B 得到更详细的信息。

定义 3 - 2（表述性）　表述性（Presentation）指文本的词条是否正确，句子和段落是否连贯通顺。可信文本一般表述性较好，而不可信文本的表述性较差。

因此，为考察文本的表述性，本书考察以下四种文本信任属性。

（1）标题词条数量（Amount of Words in Title，AWT）

标题是文本内容的体现，许多分类技术对标题给予特别的考虑。通过研究大量的网页文本发现，文本标题在 7～20 个词条以内。长度超过 23 个词条时，标题通常不利于用户理解。

（2）词条平均长度（Average Length of Words，ALW）

根据文献[6]的统计规律，文本词条的平均长度在 3～7 个之间，超过 8 个的文本含有较多合成词，不利于理解，影响了文本的表述性。

（3）连贯性（The Consistency of Words，CW）

文本连贯性是指句子部分与部分之间的连续性。连贯性是其信任性的重要标志，一直是内容信任领域研究的一个热门问题。理论上可以通过分析文本的语法，最后观察其内容的语义正确性来判断，但是这种自然语言理解的方法时间和空间代价较大，因此，本节后面采用文本局部词条来判断整篇文本的连贯性。

（4）压缩率（Compression Ratio，CR）

通过观察大量的数据集发现，有些文本的大段内容是重复的，这部分内容是由文本创建者从其他部分拷贝来的。对于这种有冗余的文本,本书采用压缩率来衡量其冗余度。

3.2.3 基于向量空间模型的文本信任属性抽取

如上一小节所述,文本信任属性集合确定后,需要确定每一特征项在这一文本类中的值。对于普通文本特征,一般的分类采用 TF* IDF(Term Frequency Times Inverse Document Frequency)方法,这种方法的依据是词条的出现频率,而对于以上抽取的 7 个特征项,无法根据词频来计算。因此,采用计算信任特征项的具体值来构建文本信任特征向量。下面介绍了各个特征项的值计算方法。

(1) 标题词条数量(AWT)

$$AWT = 标题中包含的词条数量 \qquad (3-1)$$

(2) 词条平均长度(ALW)(此特征项仅限于英文文本)

词条平均长度指的是词条所包含的平均字母个数,即

$$ALW = 文本总字母数/文本中总词条数 \qquad (3-2)$$

(3) 最常用词条比例(FPW)

首先按照词条在数据集中的出现频率定义了前 N 个最常用的词条,然后计算每一篇文本含有这些词条的比例,即

$$FPW = 文本中出现的最常用词条数/文本总词条数 \qquad (3-3)$$

例如,N 取 500 时,如果文本含有 1 000 个词条,其中 400 个属于这 500 个常用词,则 $FPW = 0.4$。

(4) 非标记文本比例(FNT)

非标记文本比例指的是正文词条数和总文本词条数的比例,即

$$FNT = 正文词条数/总文本词条数 \qquad (3-4)$$

其中总文本词条数包括正文文本和各种标记文本,以及网页中的各种脚本。

(5) 锚文本数量(AAT)

锚文本数量指的是文本中锚文本的个数,即

$$AAT = 锚文本个数 \qquad (3-5)$$

(6) 词条连贯性(CW)

如前面所述,使用 NLP 技术分析词条连贯性,时间和空间代价是十分昂贵的,尤其当数据集达到几十万个时,几乎是不可计算的。因此,可以通过考察文本局部词条来判断整篇文本的连贯性[78]。具体来说,定义 N 个连续出现的词条为一个词条组,其连贯性计算如下:

$$P(W_{i+1}, \cdots, W_{i+n}) = \frac{词条组在文本中出现的频率}{文本共划分出的词条组数目} \qquad (3-6)$$

如果数据集中的某篇文本可划分为 K 个词条组,则这篇文本含有 $K+N-1$ 个词条,通过计算 K 个词条组的几何平均作为该文本的 CW 值。即

$$CW = K\sqrt[K-1]{\prod_{i=0}^{K-1} P(W_{i+1}, \cdots, W_{i+n})} \qquad (3-7)$$

该统计方法是基于词条组之间相互独立的假设,但是,这种假设在实际中是难以满足的。例如,当 $N=3$ 时,第一个词条组(含有文本中第一、二、三个词条),第二个词条组(含第二、三、四个词条),第三个词条组(含第三、四、五个词条),都覆盖了第三个词条。因此提出了一种改进的方法,通过计算词条组出现的条件概率,提高计算精度。

定义 $P(W_n \mid W_{i+1}, \cdots, W_{i+n-1}) = P(W_{i+1}, \cdots, W_{i+n})/P(W_{i+1}, \cdots, W_{i+n-1})$,则

$$CondCW = K\sqrt[K]{\prod_{i=0}^{K-1} P(W_n \mid W_{i+1}, \cdots, W_{i+n-1})} \tag{3-8}$$

类似地,由于实际中 P 值很小,为避免 K 个 P 值相乘后下溢,利用上述公式的 log 值衡量文本的连贯性,定义如下:

$$CondCW = -\frac{1}{K}\sum_{i=0}^{K-1} \log P(W_n \mid W_{i+1}, \cdots, W_{i+n-1}) \tag{3-9}$$

P 值越大,网页文本连贯性越高,$CondCW$ 值越小。

(7) 压缩率(CR)

对于有冗余的网页通常的做法是观察每一个词条在文本中的分布情况,或者使用 Shingling-Based 技术[79]。但是,这些做法适用中等数据集的情况,当数据集达到几千个时,时间和空间耗费庞大,因此,使用 GZIP 算法[80]将文本压缩,并用 CR 值衡量网页冗余度,具体如下:

$$CR = 原文本大小 / 压缩后文本大小 \tag{3-10}$$

压缩率描述文件压缩后的效果,CR 越大,压缩后的文本越小,原文本的冗余度就越大,所含信息量就越小。

除了上述文本信任属性外,还可以总结多条其他属性用来帮助表示文本的信任语义,如表 3-1 所示。

表 3-1 文本信任属性

序号	文本信任属性	序号	文本信任属性
1	标题长度	5	其他网页引用该网页的次数
2	有效内容占整个文本的比例	6	网页最后修改的时间
3	最常见词汇出现的频率	7	文本中有效链接的比例
4	Web 连接包含字符的个数	8	全局常见词汇的比率

3.3　文本信任属性上的序分类理论

提取出文本信任属性后，就可以利用这些属性进行文本的可信性评估了，而对文本进行信任评估是一件较为困难的事情。本节从不良信息检测的角度出发考虑文本的可信性问题，显然，不良信息是一种最典型的不可信文档，因此，利用文本信任属性对文本进行信任判断具有较大的意义。

目前多数的不良信息检测技术都是基于二值度量的：有益信息和不良信息。一些技术只把标记为不良信息的事例用作学习样本[67]，在这种情况下，不良信息检测问题本质上是一个密度估计问题。另一些算法[68]同时考虑正反事例，从而把检测问题对应于一个二分类问题。但是，为了更好地把握用户的需要和偏好，根据内容信任的特点，就应该考虑用户在可信程度上的差异而采用更精细的相关尺度。由于顺序尺度不同取值间的差别没有定义，并且顺序尺度的取值在严格单调增变换后仍能反映所度量对象间的关系。因此，在算法中直接使用可信度量的数值是有问题的。内容信任的出现导致不能将不良信息检测和过滤问题看成一个简单的绝对的二分类问题，需要一个序次分类的方法。据作者所知，目前还没有将内容信任作为序分类问题的报道。

本节主要研究支持多级信任度量的内容信任算法，将内容信任看成是一个 Ranking 学习问题，利用信任度量值所反映的事例间的顺序关系来构造损失函数，利用前面提取出的文本信任属性，针对不良信息检测问题提出了一个新的解决方案。最后，通过在真实 Web 数据集上的实验验证了提出的方案的有效性。

3.3.1　文本信任属性的相关尺度与 Ranking 学习理论

　　内容信任的相关研究表明，用户对文档的可信性进行判断存在于从非常相关经过部分相关到不相关的一个连续的区域。二值的可信性度量虽然简单，但却是一个粗糙的度量。另外，在检索系统的研究方面，一些研究人员也指出，一个理想的系统应该能够允许用户指明一个文本在多大程度上符合他的需求[81]。因此，有必要在内容信任的评估中引入更细致的相关度量尺度。

　　在信息科学领域，对于如何度量可信性至今还没有达成共识。在二值相关尺度被广泛采用的同时，人们也尝试了许多其他的相关尺度。其中类别评定尺度使用得最为普遍。人们尝试过从 3 级—7 级不同类别数的类别评定尺度来度量可信性。例如在文献[82]中，就采用了 5 级的可信尺度，其取值为：highly distrust，distrust，no-opinion，trust，highly trust。

　　度量学理论说明[83]，如果用户的偏好满足两个基本公理：非对称性（asymmetric）和负传递性（negative transitive），则用户的判断就可以用一个多值的顺序尺度（ordinal scale）来度量。因此在内容信任中，用户的可信偏好可以定义为文档集上的一个二元关系。具体而言，给定一个文档集 D 和它上面的一个关系"$\succ$"，对于 D 中的两个文档 d_1 和 d_2，$d_1 \succ d_2$ 表示用户在这两个文档中更偏好于 d_1，或 d_1 比 d_2 更可信。如果两个文档间不存在严格的偏好，就认为它们无差别（indifferent），可以用"$\sim$"来表示无差别关系。非对称性是说，一个用户不能既认为 d_1 比 d_2 可信，同时也认为 d_2 比 d_1 可信。负传递性是说，一个用户不认为 d_1 比 d_2 可信，也不认为 d_2 比 d_3 可信，那么，他就不认为 d_1 比 d_3 可信。可以把这两个公理看成是用户在给出可信判断时应遵守的原则。这时，无差别关系 $\sim$ 就是一种等价关系，它对 D 构成一个划分。这样，在 D 的商集 $D/\sim$ 上就可以定义一个严格的线序。于是，文档就可以被安排在几个级别上，在高级别中的文档优于低级别中的文档,而在同一级种的文档间无差别。这样就可以用一个预先定义的顺序尺度来度量用户的相关判断。例如一个 3 值的尺度{可信,部分可信,不可信},可以很容易地用偏好关系来表示:其中所有可信的文档优于部分可信的文档,而部分可信的文档又优于不可信的文档。因此,可以将其看成是一个 Ranking 学习的问题。

Ranking 学习(Ranking learning),又可以称作序次分类(ordinal classification)问题或顺序回归(ordinal regression)问题,与传统的分类及回归问题一样,都是监督学习问题。给定一个由对象和它们对应的目标构成的训练集,监督学习的任务就是找到从对象到目标值间的映射。对机器学习来说,问题就变为如何学习这个 Ranking 的问题[84]。在信息检索领域,已有一些工作[85,86]针对 Ranking 学习的实现算法进行了研究,但在不良信息检测领域还未见到相关研究的报道。本书尝试把这一问题引入基于内容信任的不良信息检测中,并进行相应的扩展。

3.3.2　文本信任属性上 Ranking 学习的风险

为了保持描述的一致性,本书基于文献[87]中的方法,同时采用文献[85]中的符号系统对 Ranking 学习问题进行如下形式化描述:

给定一个训练集合 $S = \{(x_i, y_i)\}_{i=1}^n \sim P_{XY}^n$ 和一个从输入空间 X 到输出空间 Y 的映射 h 的集合 H,一个学习过程的目标就是选择一个 $h^* \in H$,使得定义在损失函数 $l: X \times Y \mapsto R$ 上的风险函数 $R(h^*)$ 最小。

在未知分布 P 的情况下,多数算法采用经验风险最小化准则,选择使损失在训练集上的平均值 $R_{emp}(h)$ 最小的 h^*。经验风险最小化存在着学习的问题,而结构风险最小化准则在最小化经验风险和控制函数的复杂性之间加以折中,从而使学习机器有更好的推广性[88]。因此,定义合适的损失函数对于监督学习是非常重要的。

在分类问题中,Y 是一个有限且元素间无序的集合。这种情况下,通常采用 0—1 损失函数。当 Y 是一个度量空间时，这就是一个回归问题。这时，损失函数可以考虑度量空间的结构。而在顺序回归问题中，Y 是一个有限元素的集合（例如｛可信，部分可信，不可信｝），且元素间存在序的关系，它对应于顺序尺度。由于不同取值之间存在着顺序关系但没有定义取值之间的差别，Herbrich 建议的损失函数 $l(y_1', y_2', y_1, y_2)$ 作用在真实的 y 对 (y_1, y_2) 和预测的 y 对 (y_1', y_2') 上[85]。

考虑一个输入空间 $X \subset R^d$，其中每个元素表示为一个 d 维特征向量 $x = \{x_1, \cdots, x_n\}^T \in R^d$。进一步，考虑这样一个输出空间 $Y = \{r_1, \cdots, r_m\}$，它对应于顺序尺度，其元素为顺序尺度的取值，也称为阶。各阶之间存在顺序关系 $r_m \succ_Y r_{m-1} \succ_Y \cdots \succ_Y r_1 \succ_Y$ 表示不同阶之间的顺序，在内容信任中，可以解释为"比……更可信"。给定一个训练样本集 $S = \{(x_i, y_i)\}_{i=1}^n$，考虑一个由特征到阶的映射构成的模型空间 $H = \{h(\bullet): X \mapsto Y\}$。通过以下规则，每个映射 h 可以确定一种输入空间中元素间的序。

$$x_i \succ_X x_j \Longleftrightarrow h(x_i) \succ_Y h(x_j) \qquad (3-11)$$

一个顺序回归模型的任务就是要找出这样的映射 h^*，由它得到 X 空间的顺序有最少颠倒的那对 (x_1, x_2)。给定两个训练样本 (x_1, y_1) 和 (x_2, y_2)，要区分两种不同的情况：$y_1 \succ_Y y_2$ 和 $y_2 \succ_Y y_1$。这样，下面的风险函数给出了产生颠倒的概率：

$$R_{pref}(h) = E[l_{pref}(h(x_1), h(x_2), y_1, y_2)]$$

$$l_{pref}(\hat{y}_1, \hat{y}_2, y_1, y_2) = \begin{cases} 1 & \text{if}(y_1 \succ y_2) \text{and not}(\hat{y}_1 \succ \hat{y}_2) \\ 1 & \text{if}(y_2 \succ y_1) \text{and not}(\hat{y}_2 \succ \hat{y}_1) \\ 0 & \text{else} \end{cases} \qquad (3-12)$$

经验风险最小化准则采用能最小化经验风险的映射，如下列公式所示：

$$R_{emp}(h : S) = \frac{1}{n^2} \sum_{i=1}^{n} \sum_{j=1}^{n} l_{pref}(h(x_i), h(x_j), y_i, y_j) \qquad (3-13)$$

由于式(3-13)的损失函数中不考虑有相同阶的样本对，可以考虑用对应不同阶的样本对来构造一个新训练集。在文献[85]中，作者给出了一个重要的理论结论：假设一个大小为 n 的训练集 S 是以概率测度 P 取自 $X \times Y$。那么，对于每一个映射 $h : X \mapsto Y$，下面的等式成立：

$$\frac{n^2}{l} R_{emp}(h; S) = R_{emp}^{0-1}(h; S')$$

$$= \frac{1}{t} \sum_{i=1}^{t} l_{0-1}(\Omega(h(x_i^{(1)}, x_i^{(1)})), \Omega h(y_i^{(1)}, y_i^{(2)}))) \qquad (3-14)$$

根据上面的结论，考虑每个映射都可以由下面的方式定义一个函数 p：$X \times Y \mapsto \{-1, 0+1\}$，

$$p(x_1, x_2) = \Omega(h(x_1), h(x_2)) \qquad (3-15)$$

这样，顺序回归问题就可以简化为一个分类问题。可以知道，根据训练集 $S = \{(x_i, y_i)\}_{i=1}^{n}$ 可以定义 X 上的偏好关系 $\succ_X$，$\prec_X$ 和无差别关系 $\sim_X$。因此，函数 p 很好地表示了偏好关系 $\succ_X$，$\prec_X$ 和无差别关系 $\sim_X$。

3.4　基于文本信任属性的内容信任评估实验结果及分析

为了验证本书提出的基于文本信任属性的内容信任评估算法的有效性，本节实现了一个智能化不良网页检测系统，其整体系统结构如图 3-1 所示。

3.4.1 特征选取

根据应用的目的,即不良网页检测和以前相关研究工作的基础上[67-69],最后归纳提取了二十多个有效的文本信任属性(包括3.2.3节中本书提出的所有属性),其中部分特征如表3-2所示,其中大部分是基于自然语言理解技术。本书根据这些特征和训练集结合本书提出的 Ranking 学习算法构建一个有 Ranking 学习器。这里,不失一般性,将网页分为3个有序的等级:有益,普通和不良(或垃圾)网页,分别用 g,n,s 表示。整个识别过程如图3-1所示。

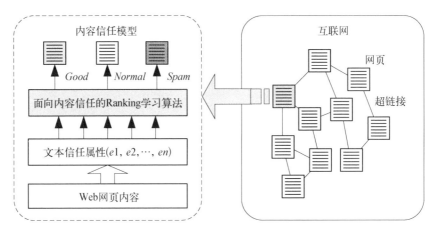

图 3-1 基于内容信任的不良网页检测系统整体结构

表 3-2 不良网页检测的文本信任属性选取

	Name	How to calculate
1	Number of words in the page	the number of words in the page
2	Number of words in the page title	the number of words in title
3	Average length of words	$\dfrac{\sum \text{the length(in characters)}\ \text{of each non-markup words}}{\text{the number of the words}}$

续　表

	Name	How tocalculate
4	Amount of anchor text	$\dfrac{\text{all words (excluding markup) contained in anchor text}}{\text{all words (excluding markup) contained in the page}}$
5	Fraction of visible content	$\dfrac{\text{the aggregate length of all non-markup words on a page}}{\text{the total size of the page}}$
6	Compressibility	$\dfrac{\text{the size of the compressed page}}{\text{the size of the uncompressed page}}$
7	Fraction of page drawn from globally popular words	$\dfrac{\sum \text{the number of each words among the N most common words}}{\text{the number of all the words}}$
8	Fraction of globally popular words	$\dfrac{\text{the number of the words among the N most common words}}{N}$
11	Various features of the host component of a URL	
12	IP addresses referred to by an excessive number of symbolic host names	
13	Outliers in the distribution of in-degrees and out-degrees of the graph induced by Web pages and the hyperlinks between them	
14	The rate of evolution of Web pages on a given site	
15	Excessive replication of content	

3.4.2　试验数据的选取

整个选取过程包括两个部分：Web 页面的收集和不良信息页面的标注。并通过下面的方式对试验数据进行选取。

页面的收集过程从 2006 年 10 月份开始，本研究小组通过开发的一个基于智能 Agent 的 Web 页面收集器，TrustCrawler(一种网络爬虫)，进行数据收集。收集的页面域名限制在.cn 和.com 中，不超过 8 层链接范围内进行收集，每个域名最多不超过 5 000 个页面。最后，整个数据集包含来自

500 个不同域名的 5 万个页面。数据以 WARC/0.9 格式进行存储，WARC/0.9 是互联网组织提出的一个广为接受的标准 Web 格式，在该格式中，每个页面作为一条记录，包括该页面的存文本信息，页面的 URL，页面长度等相关信息。接下来，组织了 10 个志愿者对这些网页进行标注。参考文献[89]中的内容提供相关的标注规则，最后将整个标注好的数据按语言分成两个主要的集合：英文页面数据集（DS1）和中文页面数据集（DS2）。图 3-2 所示是两份典型的不良信息文档（中文和英文），这些文档没有包含实质的有用信息，属于典型的垃圾文档。

3.4.3　不良信息检测算法的性能评估

首先将本书提出的多级 Ranking 算法和现有的工作进行了比较。共包括下面 3 个算法：基于决策树的 Ranking 算法（R-DT）[90]，基于简单贝叶斯的 Ranking 算法（R-NB）[91]以及本书提出的面向内容信任的 SVM Ranking 算法（TR-SVM）。所有的算法通过 Weka[92]平台进行实现。

这里的性能指标采用 ROC 曲线（Receiver Operating Characteristics），也可称作 AUC 指标[93]。AUC 可以用来衡量一个 Ranking 算法的好坏程度，其值介于 0—1 之间。简单地说，如果所有的测试实例排列均正确，AUC 的值即为 1（100 %），值越高说明 Ranking 的结果越好。

利用 AUC，对上述三个算法在 DS1 和 DS2 上分别进行了比较，将 20 % 的数据用作训练，将剩下 80 % 的数据进行测试，最后结果如图 3-3 所示。从表中可以看出，本书提出的 TR-SVM 在两个数据集上均表现得最好，说明了该方法的有效性。同时，还注意到，在中文数据集上的结果要略差于英文数据集上的结果。可以认为造成这种情况的原因是特征选取上的差异，如表 3-2 中的特征 3 只在英文数据集中用到。如何在不良信息检测的应用中选取更加适合中文页面的特征是下一步的主要研究工作。

图 3-2 不良信息文档的实例

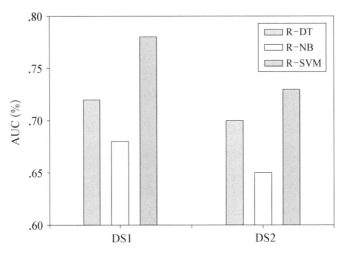

图 3 - 3　三种不同 Ranking 算法的比较

接下来,对基于 TR-SVM 算法的不良网页检测系统进行了性能评估,性能指标采用信息检索中的召回率和准确率,在两个数据集上均进行了试验。结果如表 3 - 3 所示。从表中可以看出,在三个有序类别的识别上该方法均有出色的表现。同样,在 DS1 上的表现要略好于 DS2 的。还可以观察到,在三类实例的结果中,垃圾类别上的指标性能均为最好,原因和上面类似:选取特征更加偏向于对不良信息检测。本书认为,除了不良信息的过滤,对有益信息的发现也是十分重要的。因此,如何发掘有益信息的相关特征也是下一步的重要研究内容。

表 3 - 3　召回率和准确率在数据集 DS1 和 DS2 上的结果

Rank	DS1		DS2	
	Recall（%）	Precision（%）	Recall（%）	Precision（%）
Good	81. 34	83. 77	83. 36	85. 95
Normal	95. 15	93. 84	96. 89	91. 40
Spam	87. 79	88. 12	86. 04	86. 82

本节还利用机器学习技术采用了多种手段对提出的方法的准确性进

行增强。其中一个重要的方法就是 Boosting 方法[94]。该方法可以将多个学习模型联合起来构成一个能力更强的新的模型,具体内容可以参考文献[94]。根据提出的 Ranking 学习模型,结合该方法,发现可以不同程度上提高不良信息检测的准确性,结果如表 3-4 所示。

表 3-4   采用 boosting 方法后召回率和准确率在数据集 DS1 和 DS2 上的结果

Rank	DS1		DS2	
	Recall（%）	Precision（%）	Recall（%）	Precision（%）
Good	84.78	85.95	84.65	86.07
Normal	96.37	95.67	97.67	92.83
Spam	89.96	90.60	86.98	87.05

3.5　本章小结

本章首先研究文本信任属性的提取方法,提出了文本信任属性上的序分类理论,从而提出一种基于文本信任属性的不良信息识别方法。针对现有的不良信息检测方案,本书探讨了支持多级信任度量的内容信任问题,指出内容信任问题可以看成是一个 Ranking 学习问题,并讨论了他的特点和损失函数。同时,本书提出了一种新的面向内容信任的 Ranking 支持向量学习算法和基于内容信任的不良信息检测方案。通过构建一个基于智能 Agent 的不良 Web 网页检测系统,在实际的 Web 数据集上的实验结果验证了提出检测方案的有效性,为不良信息的检测技术提供了一个很好的借鉴。

第4章

信任事实的识别及其智能化度量方法

本章深入研究第 2 章提出的信任事实。信任事实是指信息文本内容中对某事物的概念、属性、特征等作不同程度地判断性（肯定或否定）描述的陈述句。本章重点研究信任事实的提取和评估方法，最后综合这些方法利用信任事实对文本可信性进行定量的判断。

本章首先提出一个基于有限自动机的陈述语句识别算法，然后利用该算法提出一个基于 Web 智能的信任事实可信性评估方法。本章仅考虑中文文本中的信任事实识别和度量方法，英文文本中信任事实的识别方法与之类似。

4.1 信任事实的产生式表示

现代汉语中，一般认为"句子由短语或词构成，是具有特定句调能表达一个相对完整的意思的语言单位"，也是表达一个相对完整的信任语义的语言单位。句子根据句子功能或语气有陈述、疑问、祈使和感叹四大类。其中，陈述句是陈述一个事实或者说话人的看法，是信息文本中最能体现文本信息内容的句类，也是信息文本中包含的最多的句类。在第 2 章中，以判断性陈述句为基础定义了信任事实,认为信任事实是指信息文本内容中对某事物的概念、属性、特征等作不同程度地判断性(肯定或否定)描述的陈述句。因此,要对信任事实进行表示,还需要如下定义:

定义 4 - 1(判断谓词)　判断谓词,是指和判断词"是"相似,具有判断含义的动词。通过搜索统计构造了中文信息文本中常用的判断谓词(Predictability Word)的集合 S_{PW},S_{PW} = {是,系,为,非,称为,称作,作为,被称为,被称作,被认为,被当作,…}。

定义 4 - 2(程度副词)　程度副词是表示信任事实的断言强度的副词,通过搜集构造了信息文本中常用的程度副词(Degree Word)的集合 S_{DW} = {"一定","肯定","或许","可能",…}。

形式地,假设 Σ 是中文词语的集合,S_{PUN} = {"、",",",":",";","。","!","?","…"},是汉语中常用标点符号的一个子集。假设 s 表示一个句子(Sentence),d 表示一个判断陈述句(Judging Declarative Sentence),f 表示一个信任事实(Trust Fact)。

条件 4 - 1(句子)　如果 s 满足以下条件,则称 s 形式上是一个句子:

(1) $s = (w_1, w_2, \cdots, w_n)$,其中,$w_i \in \Sigma \bigcup S_{PUN}$,$i = 1, 2, \cdots, n$;

(2) $w_1 \in \Sigma \wedge w_n \in S_{PUN}$。

条件 4 - 2(判断陈述句)　如果 d 满足以下条件,则称 d 形式上是一个判断陈述句:

(1) d 是 s;

(2) $\exists i (I = 1, 2, \cdots, n-1), w_i \in S_{PW}$;

(3) w_n = "。"。

条件 4 - 3(信任事实)　如果 f 满足以下条件,则称 f 形式上是一个信任事实:

(1) f 是 d;

(2) 若 $w_i \in S_{DW}$ 或者 $S_{DW} = \phi \wedge w_i \in S_{PW}$,$1 \leqslant i \leqslant n$,$(w_1, \cdots, w_{i-1})$ 是一

个基本名词短语[95,96]。

例如,"中国是亚洲国家。"和"台湾是中国领土神圣不可分割的一部分。"都是信任事实;而"明天是礼拜五。"和"那不是信任事实。",虽然是判断陈述句,但都不是信任事实,因为"明天"和"那"都不是基本名词短语,不能表示某个事物的明确的概念、特征或性质。

现代汉语中,判断陈述句(Judging Statement Sentence)一般可以表示成如下形式:

$$JSS = DB + DA + P + DC \qquad (4-1)$$

其中,JSS 表示判断陈述句,DB 是判断对象,DA 是程度副词,P 是判断谓词,DC 是判断内容。比如在判断陈述句"中国是亚洲国家。"中,"中国"是 DB,"亚洲国家"是 DC,"是"是 P。

信任事实在形式上具有和判断陈述句同样的句型。通过大量的观察和研究发现,以判断陈述句为基础的信任事实句型包括判断对象、程度副词、判断谓词和判断内容四部分。目前,暂不把量词作为独立的一部分进行研究。

参照基本名词短语的范式形式[95,96],信任事实句型形式化表示如下:

(1) 信任事实→判断对象+程度副词*+[不]+判断谓词+判断内容

(2) 判断对象→名词短语|名词短语+连接符+名词短语

(3) 程度副词→一定|肯定|或许|可能

(4) 判断谓词→是|系|为|非|称为|称作|作为|被称为|被称作|被认为|被当作

(5) 判断内容→名词短语|名词短语+连接符+名词短语|名词短语+名词补足语

(6) 连接符→和|跟|并|与

(7) 名词短语→名词|限定性定语+名词|限定性定语+名词短语

（8）限定性定语→形容词短语|动词|副词＋动词|名词|名词＋的|数词＋量词

（9）形容词短语→形容词＋形容词短语|形容词＋的＋形容词短语|副词＋形容词＋形容词短语|副词＋形容词＋的＋形容词短语

（10）形容词短语→形容词|形容词＋"的"|副词＋形容词|副词＋形容词＋"的"

（11）名词补足语→之一|的一部分|的（数词＋量词）

其中，"＊"表示可出现 0 次至多次；"[　]"表示可出现 0 次或 1 次；"|"表示"或"的关系。

如上文所述，信任事实包括四个部分。为了便于计算机对信任事实进行处理，本节统一以四元组的形式表示和存储信任事实：

$$f = (TO, TM, TD, TC) \tag{4-2}$$

TO：事实变量，信任事实所评判或描述的对象（判断对象）。

TM：事实强度词，信任事实中对判断谓词作不同程度强调的副词。事实强度词出现在判断谓词之前，也可以没有（用 NULL 表示）。TM 的强度级别（Rank）分为完全断定级（RC）、一般断定级（RD）和部分断定级（RP），即 Rank＝{RC（一定、肯定），RD（NULL），RP（或许、可能）}，括号中为相应强度级别的副词表现形式。

TD：判断谓词及其否定形式（不＋判断谓词），信任事实中事实对象与事实描述之间的连接词。

TC：事实描述，信任事实对事实对象的具体描述（判断内容），一般紧跟判断谓词出现。

示例 4-1："中国是亚洲国家。"可表示成（中国，NULL，是，亚洲国家）。

示例 4-2："《十面埋伏》可能是张艺谋导演的。"可表示成（《十面埋伏》，可能，是，张艺谋导演）。

示例 4-3："甲鱼不被称为鱼的一种。"可表示成（甲鱼，NULL，不被称为，鱼的一种）。

4.2 基于有限自动机的信任事实识别方法

上文对信任事实的概念进行了定义，并利用自然语言理解的形式语言对信任事实进行了形式化。而有效地提取信息文本中的信任事实是对信息文本的内容进行信任评估的基础，因此本节首先研究如何提取出文本内容中的信任事实。由于信任事实以陈述语句的形式存在于文本中，而自然语言理解中有限自动机是处理句子的一个有效方法，以此本节重点探讨基于有限自动机的陈述语句的识别。

4.2.1 有限自动机

自动机是一种理想化的"机器"，它只是抽象分析问题的理论工具，用来表达某种不需要人力干涉的机械性演算过程。根据不同的构成和功能，自动机分为以下四种类型：有限自动机（Finite automata，FA）、下推自动机（Push-down automata，PDA）、线性受限自动机（Linear-bounded automata，LBA）和图灵机（Turing machine，TM）。本节主要利用有限自动机进行陈述语句的识别。

有限自动机又分为确定性有限自动机（Definite automata，DFA）和不确定性有限自动机（Non-definite automata，NFA）两种。

定义 4-3（确定性有限自动机） DFA M 是一个五元组：

$$M = \left(\sum, Q, \delta, q_0, F \right) \qquad (4-3)$$

其中，$\sum$ 是输入符号的有穷集合；Q 是状态的有限集合；δ 是 Q 与 $\sum$ 的

直积 $Q \times \sum$ 到 Q(下一个状态)的映射,它支配着有限状态控制的行为,有时也称为状态转移函数;$q_0 \in Q$ 是初始状态;F 是终止状态集合。

定义 4-4(DFA 接受的语言)　如果一个句子 x 对于有限自动机 M 有 $\delta(q_0, x) = p, p \in F$,那么,称句子 x 被 M 接受。被 M 接受的句子的全集称为由 M 定义的语言,或称 M 所接受的语言,记作 $T(M)$。

本节主要研究基于确定性自动机的提取方法,因此不确定性自动机的定义和描述在这里省略。

4.2.2　陈述语句的识别过程

根据第 2 章中对信任事实的定义,重点研究文本中陈述语句的提取。结合前文对陈述语句的形式化,本节重点介绍陈述语句的识别过程。

信息文本 T 的正文部分(不包括各级标题、致谢和参考文献)是句子的集合,即,$T_s = (s_1, s_2, \cdots, s_n)$。首先,提取 T 中所有的陈述句,构造信息文本 T 的陈述句的集合 T_r,$T_r = (s \mid s = d \wedge s \in T_s)$。然后以 T_r 作为输入集,提取其中的信任事实。

提取信任事实的过程就是判断其中的陈述句是否是一个信任事实的过程。对任意的 $s \in T_r$,首先对 s 进行分词处理。中国科学院计算技术研究所研制的基于多层隐马模型[97]的汉语词法分析系统 ICTCLAS[98](Institute of Computing Technology, Chinese Lexical Analysis System),具有强大的功能,包括:中文分词、词性标注、未登录词识别。分词正确率高达 97.58%(最近的 973 专家组评测结果)。

利用该系统对 s 进行分词和词性标注。经过分词和标注处理之后的 s 成为一个词串(包括标点)的形式:$s = (w_1, w_2, \cdots, w_n), w_i \in \sum \cup P, w_1 \in \sum, w_n = \text{"。"}$。此时,判断词串 s 是否是一个信任事实的过程可以用图 4-1 所示的状态机表示。

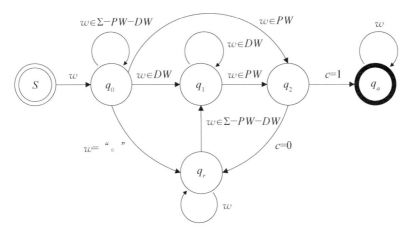

图 4 - 1　信任事实提取过程中的状态转移

图 4-1 中,圆表示状态,有向弧表示状态的转移,弧上的标注表示转移条件,"()"表示状态转移之前完成的存储操作。S 为初始状态;q_0 状态在向 q_1 或 q_2 状态转移之前保存事实变量,如果是转向 q_2 状态还有保存程度副词为 NULL;q_1 状态在向 q_2 状态转移之前保存程度副词,如果没有程度副词记为 NULL。q_2 状态判断"判断谓词"之前的子串是否为一个表示明确的概念、特征或性质的名词性结构,如果是在保存判断谓词,并转向接受状态 q_a(Accept)并在 q_a 状态保存事实描述,最终完成一个信任事实的提取工作,否则,转向拒绝状态 q_r。

PW 是判断谓词集合,DW 是程度副词集合,经过大量的搜集工作,会逐步完善这两个集合。判断某名词性短语是否一个明确的概念、特征、性质是相当困难的。可以采取另外一种方式,通过搜集大量不能表示概念、特征或性质的词的集合 Na,比如时间名词、指示代词等等,若子串属于 Na,则 $c=0$;否则,$c=1$。

下面以"中国　是　亚洲　国家"为例介绍信任事实的提取过程。经过分词处理,"中国是亚洲国家。"转换为五个词语(包括标点)组成的词串形式(中国　是　亚洲　国家。)。状态机在初始状态 S 首先读取"中国",进入 q_0 状态,保存中国,由于接着读取的是判断谓词"是",所以记程度副词为 NULL,然后转向 q_2 状态,q_2 状态判断"中国"为表示一个明确的概念,故将判断谓词"是"保存,并转移到接受状态 q_a,在 q_a 状态接着读取"亚洲"、"国家"两个词语,最终遇到标点符号"。",读取过程结束,保存事实描述,完成信任事实(中国,NULL,是,亚洲国家)的提取工作。

4.2.3　原子信任事实的识别算法

根据 4.2.2 节中描述的陈述语句的识别方法,本节给出了信任事实的具体识别算法,如图 4-2 所示。

算法 4.1:信任事实提取算法
 Input:T:中文信息文本
 Output:FS_T:信任事实的集合
 Step1:对信息文本进行预处理,提取其中的陈述句,形成陈述句的集合 $T_r=\{s|s$ 是陈述句$\}$,$FS_T=\{\}$;
 Step2:若 T_r 非空,取其中一个陈述句 s,则 $T_r=T_r-\{s\}$;否则,过程结束;
 Step3:对陈述句 s 进行分词处理;使得 s 成为一个字符串的形式$(w_1,w_2,\cdots,w_n)$;
 Step4:如果 s 中存在字符串 w_i 是判断谓词,则转步骤 5,否则弃当前 s 转步骤 2;
 Step5:如果$(w_1,\cdots,w_{i-1})$是一个名词短语,则转步骤 7,否则弃当前 s 转步骤 6;
 Step6:如果$(w_1,\cdots,w_{i-2})$是一个名词短语,并且 w_{i-1} 是一个程度副词,则转步骤 7,否则弃当前 s 转步骤 2;
 Step7:$FS_T=FS_T\bigcup\{s\}$,转步骤 2。

图 4-2　信任事实提取算法

4.2.4　合成信任事实的语义分析及提取算法

前面提到的信任事实是笼统的,并没有区分是原子的还是合成的。但是组成合成信任事实的原子信任事实直接具有一定的语义关系(比如:并列、递进、让步、条件等),这些关系的研究有助于更准确地评估信任事实的可信度。本节探讨原子信任事实和合成信任事实,并介绍如何在已经提取的信任事实基础上,区分合成信任事实。

正如陈述句包括简单句和复合句一样,信任事实也可以分为简单(原子)信任事实和合成信任事实。

定义 4 - 5(原子信任事实) 原子信任事实也称为简单信任事实,是指文本内容中能够体现信息文档内容真实性的最基本的语言单位(一般认为,一个简单陈述句就是一个简单信任事实)。

比如,"2008 年奥运会的主办城市是北京""中国是一个发展中国家"都是原子信任事实。原子信任事实是不可再分的。原子信任事实简称原子事实或简单事实。

定义 4 - 6(合成信任事实) 合成信任事实是指由原子信任事实经过连接词按照某种句子关系连接而成的信任事实。这些句子关系包括并列关系、递进关系、让步关系、条件关系等。

比如,"中国是社会主义国家又是发展中国家"由连接词"又"根据并列关系连接信任事实"中国是社会主义国家"和信任事实"中国是发展中国家"两个原子事实复合而成。合成信任事实都可以分成若干个信任事实。合成信任事实简称合成事实。由于合成信任事实的语义复杂性,会影响到合成信任事实的可信度,所以根据句子语义关系判断出合成信任事实,并对合成信任事实进行进一步的研究是很有必要的。

通过研究发现,合成信任事实的语义关系及其对应的连接词如表 4 - 1 所示。

表 4 - 1 合成信任事实语义关系及其连接词表

序　号	关　　系	
1	并列	既……又……,又,并且
2	递进	不但……而且……,不仅……而且

结合上面内容,本书提出的合成信任事实的提取算法如图 4-3 所示。

算法 4.2：合成信任事实提取算法

　　Input：T:中文信息文本

　　Output：FS_T:信任事实的集合

　　Step1：对信息文本进行预处理,提取其中的陈述句,形成陈述句的集合 $T_r = \{s \mid s$ 是陈述句$\}$,$FS_T = \{\}$;

　　Step2：若 T_r 非空,取其中一个陈述句 s,则 $T_r = T_r - \{s\}$;否则,过程结束;

　　Step3：对陈述句 s 进行分词处理,使得 s 成为一个字符串的形式$(w_1, w_2, \cdots, w_n)$;

　　Step4：如果 s 中存在字符串 w_i 和 $w_j (i+1 < j)$ 是判断谓词,则转步骤 5,否则弃当前 s 转步骤 2;

　　Step5：如果$(w_1, \cdots, w_{i-1})$是一个名词短语,则转步骤 7,否则弃当前 s 转步骤 6;

　　Step6：如果$(w_1, \cdots, w_{i-2})$是一个名词短语,并且 w_{i-1} 是一个程度副词,则转步骤 7,否则转步骤 8;

　　Step7：如果存在 $k(i < k < j)$ 使得 $w_k = $ "又"或者"并且",则转步骤 9,否则弃当前 s 转步骤 2;

　　Step8：如果存在 $m < i, i < n < j$ 使得$(w_m \cdots w_n)$是"既…又…"、"不但…而且…"或者"不仅…而且"之一,转步骤 9,否则弃当前 s 转步骤 2;

　　Step9：$FS_T = FS_T \bigcup \{s\}$,转步骤 2。

图 4-3　合成信任事实的提取算法

　　表 4-1 和图 4-3 描述了合成信任事实的提取方法,该方法可以很好地推广到其他句型上面。通过该方法,其他句型的合成信任事实可以用类似的方法提取,限于篇幅,这里就不进行详细叙述了。

4.2.5　特殊信任事实及其提取算法

　　信息文本中有一些具有下列性质的特殊信任事实：或者它们本身的可信度比较高,或者它们的可信度对整个文本的可信度影响相对比较大。为了进一步优化,有必要将这一类的信任事实提出来进行研究。

　　通过大量的观察和研究,从信任事实的信任倾向上,列出以下几种特殊的信任事实。

信息文本的内容总是围绕某个主题展开的，并且属于一定的话题范围。比如一篇介绍股票的文章，主题是"股票"，话题应该是"经济"。根据信任事实是与"主题"还是"话题"相关将事实分为两类。

定义 4‑7（主题相关信任事实） 是指一个信任事实包含有文章主题中的关键字，称该信任事实为主题相关信任事实。

比如一篇介绍股票的文章中与"股票"相关的信任事实。

定义 4‑8（话题相关信任事实） 是指一个信任事实包含有文章话题中的关键字，称该信任事实为话题相关信任事实。

比如一篇介绍股票的文章中与"经济"相关的信任事实。主题事实都是话题事实。显而易见，主题事实对文章可信性的影响要大于话题事实，而话题事实对文章整体可信性的影响要大于一般的非主题、话题的信任事实。

定义 4‑9（引用信任事实） 一个信任事实是对某个人的话或某个参考文献中内容的引用。

一般认为，引用事实的信任度较高，对文章整体可信性的影响也比较大。

定义 4‑10（定义信任事实） 一个信任事实是对于事物的本质特征或一个概念的内涵和外延作出的确切而简要的说明。

好的定义事实包含的信息是非常有价值的，一般具有较高的信任度。定义信任事实一般属于判断信任事实。

定义 4‑11（数量信任事实） 一个信任事实中含有大量数词量词。事实中含有大量的数据，一般具有较高的信任度。

定义 4‑12（公式信任事实） 信息文本中出现的符号化的公式成为公式事实。一般认为，公式事实具有较高的信任度。

特殊信任事实的筛选和提取算法如图 4‑4 所示。

算法 4.3：特殊信任事实提取算法

　　Input：T；中文信息文本

　　Output：FS_T；信任事实的集合

　　Step1：对信息文本进行预处理，提取其中的陈述句，形成陈述句的集合 $T_r = \{s | s$ 是陈述句$\}$，$FS_T = \{\}$；

　　Step2：若 T_r 非空，取其中一个陈述句 s，则 $T_r = T_r - \{s\}$；否则，过程结束；

　　Step3：对陈述句 s 进行分词处理，使得 s 成为一个字符串的形式$(w_1, w_2, \cdots, w_n)$；

　　Step4：如果 s 中存在字符串 w_i 是判断谓词，则转步骤 5，否则弃当前 s 转步骤 2；

　　Step5：如果$(w_1, \cdots, w_{i-1})$是一个名词短语，则转步骤 7，否则弃当前 s 转步骤 6；

　　Step6：如果$(w_1, \cdots, w_{i-2})$是一个名词短语，并且 w_{i-1} 是一个程度副词，则转步骤 7，否则弃当前 s 转步骤 2；

　　Step7：如果$(w_1, \cdots, w_{i-1})$或者$(w_1, \cdots, w_{i-2})$与文章主题相关，则标注"ZT"，转步骤 13；

　　Step8：如果$(w_1, \cdots, w_{i-1})$或者$(w_1, \cdots, w_{i-2})$与文章话题相关，则标注"HT"，转步骤 13；

　　Step9：如果 s 具有引用的形式，则标注"YY"，转步骤 13；

　　Step10：如果 s 包含大量的数字，则标注"SZ"，转步骤 13；

　　Step11：$FS_T = FS_T \bigcup \{s\}$，转步骤 2。

图 4 - 4　特殊信任事实的提取算法

4.2.6　信任事实提取算法试验结果

　　本节的目的是通过试验分析验证上节所提出的信任事实提取算法的有效性，验证通过本章前面提出的信任事实提取算法可以有效地提取出文本中的信任事实，并与基于规则的方法进行了详细地比较。这里的衡量指标本书选择查准率和查全率，这两个指标被广泛地用于信息检索的多种评估任务中。

　　陈述语句的识别是自然语言处理的一项基本任务，传统的方法一般是基于规则的提取方法。为此本节比较了本书提出的基于有限自动机的信任事实提取算法和基于规则的信任事实提取算法。

基于规则的信任事实提取算法根据陈述语句在文本中出现的特定规律，归纳出相应的规则，然后根据这些规则进行语句的提取[99]，具体如表4－2所示。

表4－2　陈述语句的提取规则

序　号	提　取　规　则
1	〈Term〉出现在句子的开头。
2	〈Term〉以名词形式打头。
3	〈term〉中的语句以"所谓"打头。
4	〈Term〉语句中含有"具有，和，或"等词汇
5	〈Term〉紧接着伴有词汇"是指、是一个"等

表中的〈term〉代表某一名词性词汇，而根据这些规则可以找到包含〈term〉的陈述语句。

试验所需要的数据集通过对互联网中的数据进行采集得到，获取的过程包括以下两个阶段：Web信息采集和信任事实手动标注。最后得到一个拥有5 000个信任事实，1 000个网页的数据集合。数据集以WARC/0.9格式存储。WARC/0.9是非盈利性组织Internet Archive建议的数据格式。该组织承担了大部分的网页收集工作。WARC数据格式中每个网页作为一个记录。10个学生志愿者负责标注工作。进一步，根据网页语言将数据集分成两组：一组英文网页（DS1），一组中文网页（DS2）。

比较了两种方法的有效性，利用信息检索中常用的召回率和准确率作为评判标准。根据这两个指标，最后在试验数据集上的试验结果如表4－3所示。

从下面的试验结果可以看出，基于有限自动机的识别方法在各个指标和不同数据集上均优于基于规则的方法，充分说明了该方法的有效性。

表 4 - 3　召回率和准确率在数据集 DS1 和 DS2 上的结果

方　　法	DS1		DS2	
	Recall（%）	Precision（%）	Recall（%）	Precision（%）
基于规则的识别方法	76.78	71.93	72.78	70.12
基于有限自动机的识别方法	86.93	82.92	83.73	80.09

4.3　基于 Web 智能的信任事实可信性度量方法

本章在 4.2 节中提出了基于有限自动机的陈述语句的识别算法，并验证了其有效性。本节在此基础上评估提出来的信任事实的可信性。评估信任事实的正确与否通常是一项比较困难的事情，需要掌握大量的知识。本节借助互联网的海量信息来完成这项困难的任务，这种互联网知识称为Web 智能。本节首先给出信任事实可信度量的规则，然后给出具体的基于Web 智能的度量算法，并给出相应的实例，最后通过试验验证该方法的有效性。

4.3.1　信任事实的度量指标和启发式规则

包含在信息文本中的信任事实并不总是完全可信的，它们具有一个可度量的信任程度值。为了描述方便，首先定义如下的度量指标。

定义 4 - 13（信任事实的可信度）　一个信任事实 f 的可信度是指这个事实是一个正确的可信的事实的概率，用 $C(f)$ 表示。它从概率上反映了一个信任事实的变量值对事实变量的描述或断言为真的程度。

开放的互联网是一个巨大的信息知识库，已经成了当今社会人们获取信息的重要来源，相应的搜索引擎也成了人们获取信息的重要工具。不但如此,依据互联网提供的大量信息,鉴别某特定信息可信与否也成了人们鉴别是非的重要手段。鉴于这一现象,我们通过大量的观察和研究发现,互联网上不同的信息源会提供大量的关于某个对象的信任事实,并且具有不同可信度的信任事实,在互联网中得到的支持是不一样的。一般来说,正确的可信的信任事实总能够得到较多的支持,它们在不同的网页中重现,并且相似度极高。而错误的虚假的事实得到的支持相当小甚至没有,只有有限的几个网页提供它们的信息,并且信息各种各样,相似程度比较低。

根据信任事实的这些现象,我们总结了以下两条启发式规则,作为我们计算信任事实可信度的依据。

规则 4.1 完全相同的字符序列具有相同的语义。

精确匹配搜索是搜索引擎的搜索方式之一[100],它要求反馈列举出所有 Web 页面的地址,该页面必须包含与查询项相同的字符序列。当以信任事实作为查询项进行精确匹配搜索时,可以认为包含查询项的搜索结果页面是对信任事实的一种"语义"层面的支持。

规则 4.2 正确的真实的事实重现率高,错误的虚假的事实重现率低。

开放的互联网,提供了海量的信息,近乎是一个"完备"的信息知识库,已经成了当今社会人们获取信息的重要来源。但是,互联网提供的知识却远不及人工构建的信息知识库可靠。所以,不能直接利用互联网中提供的信息作为判断事实可信性的依据。然而,通过大量的观察发现这样一种现象:不同的信息源提供了大量的关于某个对象的信任事实,并且具有不同可信度的信任事实,在互联网中得到的支持是不一样的。一般说来,正确的可信的信任事实得到较多的支持,而错误的虚假的事实得到的支持相当少甚至没有。

例如,利用 Google 搜索引擎,对"中国是亚洲国家"和"中国不是亚洲国家"进行精确匹配搜索。正确的信任事实"中国是亚洲国家"得到了

37 900 项支持,而错误的事实"中国不是亚洲国家"只有 10 项返回。可以认为,支持率高的信息是"可信"的知识。

4.3.2　基于 Web 智能的信任事实可信度计算

目前,应用比较广泛的搜索引擎(如 Google)都是根据查询词与网页的相关度来搜索文本,并根据一定的排序算法(如 PageRank 算法)对搜索的网页进行排序,并不能直接反映一个信任事实的可信度。然而,Google 作为一种强大的搜索工具,为判断事实的可信度提供了巨大的便利。

下面介绍以 Google 搜索引擎为工具的信任事实的可信度度量方法。

给定一个信任事实 f,首先对该事实进行取反操作得到其反事实 $\bar{f}$:若事实强度词不包括"不"则其前面加"不",否则将事实强度词中的"不"字去掉。然后,分别对信任事实 f 和反事实 $\bar{f}$ 在 Google 搜索引擎中以完全匹配的方式搜索。此时,搜索引擎将返回包含相应信任事实的所有网页(以 URL 标识)的集合 $TS = (R_1, R_2, \cdots, R_n)$。其中,$R_i = (T, Q), (i = 1, 2, \cdots, n)$ 表示第 i 个返回项。其中,T 是一个信息文本,Q 是信息文本 T 的质量(网页质量不同于信息文本的信任度,实现时,可以简单地利用 Google 搜索引擎为每个网页赋予的 PageRank 值)。

根据规则 4.1,可以利用事实与其反事实的比例关系确定信任事实的可信度,如式(4-4)所示:

$$C(f) = \frac{|TS_f|}{|TS_f| + |TS_{\bar{f}}|} \qquad (4-4)$$

其中,TS_f 和 $TS_{\bar{f}}$ 分别表示包含信任事实 f 的信息文本的集合和包含其反事实 $\bar{f}$ 的信息文本的集合。相应地,$|TS_f|$ 和 $|TS_{\bar{f}}|$ 分别表示包含信任事实 f 和其反事实 $\bar{f}$ 的信息文本的数量。

根据式(4-4),"中国是亚洲国家"这一事实的可信度达到 0.999 7。这是完全符合常识的。

然而,根据式(4-4)简单地计算包含某事实及其反事实的信息文本的数量掩盖了提供该信任事实的不同信息文本的重要程度。这是有悖于常识的,不同的信息源或者说不同的信息文本具有的重要程度是不一样的。对信息文本(网页)进行正确的科学的排序是高质量搜索引擎的核心算法。PageRank 算法[72]和 HITS 算法[73]是目前比较流行的网页质量排序算法。Google 搜索引擎赋予每个网页的 PageRank 值在一定程度上反映了网页的质量。

根据规则 4.2,在式(4-4)中加入网页的 PageRank 值,形成式(4-5):

$$C(f) = \frac{\sum\limits_{(T,Q) \in TS_f} Q}{\sum\limits_{(T,Q) \in TS_f} Q + \sum\limits_{(T,Q) \in TS_{\bar{f}}} Q} \tag{4-5}$$

其中,Q 表示相应的信息文本的质量。

经过改进,式(4-5)不但反映了提供信任事实的信息源的数量,而且考虑了信息源的一定程度的质量对信任事实可信度的影响,能够更准确地反映一个事实的可信度。

这种基于搜索反馈数据的信任度计算方法以同一信任事实的不同和多种表达形式作为搜索要求来开展的,该方法包括信任事实的预处理和信任事实的可信度计算两个阶段。

(1) 信任事实的预处理

已知信任事实 $f = (TO, TM, TD, TC)$,根据判断谓词 TD 的不同,描述同一个对象的信任事实可以分为肯定(f^P)和否定(f^N)两种形式。根据事实强度词 TM 的不同,描述同一个对象的信任事实可以分为三种不同的断定强度。定义函数 $G(f)$ 表示信任事实 f 的断定强度:

$$G(f) = \begin{cases} q_{RC}, & TM = \text{"一定"、"肯定"} \\ q_{RD}, & TM = \text{NULL} \\ q_{RP}, & TM = \text{"可能"、"或许"} \end{cases} \quad (4-6)$$

其中，q_{RC}，q_{RD}，$q_{RP} \in R$ 并且 $q_{RC} > q_{RD} = 1 > q_{RP}$。通过大量的实验确定 q_{RC}，q_{RD}，q_{RP} 的值，以提高评估的有效性是本方法的一个重点。

根据判断谓词和事实强度词的不同，描述同一个对象的信任事实共可分为两组共六种形式：肯定事实向量组 $f^{PG} = (f_{RC}{}^{P}, f_{RD}{}^{P}, f_{RP}{}^{P})$，依次是完全肯定式、一般肯定式、部分肯定式；否定事实向量组 $f^{NG} = (f_{RC}{}^{N}, f_{RD}{}^{N}, f_{RP}{}^{N})$，依次是完全否定式、一般否定式和部分否定式。

信任事实的预处理就是分别求出信任事实的另外五种形式，并且 $f \in f^{PG} = (f_{RC}{}^{P}, f_{RD}{}^{P}, f_{RP}{}^{P})$ 或 $f \in f^{NG} = (f_{RC}{}^{N}, f_{RD}{}^{N}, f_{RP}{}^{N})$。

（2）信任事实的可信度计算

已知 $f = (TO, TM, TD, TC)$，$f^{PG} = (f_{RC}{}^{P}, f_{RD}{}^{P}, f_{RP}{}^{P})$，$f^{NG} = (f_{RC}{}^{N}, f_{RD}{}^{N}, f_{RP}{}^{N})$。

以 f^{PG} 和 f^{NG} 中的信任事实为查询项进行精确匹配搜索，得到包含相应的信任事实的网页的数量。定义函数 $N(f)$ 表示以信任事实 f 为查询项得到的反馈数目。

当 $f \in f^{PG}$ 时，信任事实 f 的可信度 $P_F(f)$ 由式（4-7）计算：

$$P_F(f) = \frac{\displaystyle\sum_{x \in f^{PG}} N(x) \times G(x) / G(f)}{\displaystyle\sum_{x \in f^{PG}} N(x) \times G(x) / G(f) + \sum_{x \in f^{NG}} N(x) \times G(x) / G(f)}$$

$$(4-7)$$

其中，x 表示任意的信任事实；$G(x)/G(f)$ 则表示信任事实 x 对信任事实 f 的肯定（$x \in f^{PG}$）或否定支持度（$x \in f^{NG}$）。

计算期间,可以将公式中分子和分母同时乘以 $G(f)$,进行约简。当 $f \in f^{NG}$ 时,只需将式(4-7)中的 f^{PG} 和 f^{NG} 互换即可。

4.3.3 基于正反相对比例的改进信任事实可信度计算方法

上一节提出了基于 Web 智能的信任事实可信度计算公式,但是该公式的基础是式(4-4),而式(4-4)反映的是正反事实的相对比例关系,却不能反映正反事实的绝对数量对事实可信度的影响。比如,与信任事实 A 相关的正事实有 3 个,反事实 1 个,其可信度是 0.75;与信任事实 B 相关的正事实有 30 个,反事实 10 个,其可信度也是 0.75。显然,简单地给信任事实 A 和 B 赋予相同的可信度是轻率的。

因此,本书对式(4-4)进行改进,使其能够反映正反事实的绝对数量对事实可信度的影响,提出了基于信任事实的 Credibility 和 Confidence 的公式。

信任事实的 Credibility 反映的是正反事实的相对比例关系,其计算方式如下:

$$\mathrm{Cre}(f) = \frac{|TS_f|}{|TS_f| + |TS_{\bar{f}}|} \qquad (4-8)$$

显然,$\mathrm{Cre}(f) \in [0,1]$。当 $\mathrm{Cref}(f)$ 等于 1 时,信任事实是绝对正确的;当 $\mathrm{Cref}(f)$ 等于 0 时,信任事实是绝对错误的。

信任事实的 Confidence 是与它的 Credibility 相关的,反映的是正反事实的绝对数量关系,表明对式(4-8)的认可程度。其计算方式如下:

$$\mathrm{Con}(f) = 1 - \sqrt{\frac{12 \times |TS_f| \times |TS_{\bar{f}}|}{(|TS_f| + |TS_{\bar{f}}|)^2 (|TS_f| + |TS_{\bar{f}}| + 1)}} \qquad (4-9)$$

显然,$\mathrm{Con}(f) \in [0,1]$。当 $\mathrm{Con}(f)$ 等于 1 时,说明绝对认可式(4-8)

的关于信任事实的可信度的结果,当 Con(f)等于 0 时,说明完全不认可式
(4-8)的计算结果。

结合式(4-8)和式(4-9),本书得出事实可信度的基本式 $C_A(f)$,如下
所示:

$$C_A(f) = h(\mathrm{Cre}(f), \mathrm{Con}(f))$$

$$= 1 - \frac{\sqrt{\dfrac{(\mathrm{Cre}(f)-1)^2}{x^2} + \dfrac{(\mathrm{Con}(f)-1)^2}{y^2}}}{\sqrt{\dfrac{1}{x^2} + \dfrac{1}{y^2}}} \qquad (4-10)$$

其中,x,y 两个参数分别反映了 $\mathrm{Cre}(f)$ 和 $\mathrm{Con}(f)$ 的相对重要程度。

基于基本式(4-10),我们引入几个中间变量 $A(f)$ 和 $B(f)$,最后给出
最终的信任的可信度计算式(4-11)—式(4-15):

$$A(f) = \sum_{x \in f^{PG}} N(x) \times G(x)/G(f) \qquad (4-11)$$

$$B(f) = \sum_{x \in f^{NG}} N(x) \times G(x)/G(f) \qquad (4-12)$$

$$Cre(f) = \frac{A(f)}{A(f) + B(f)} \qquad (4-13)$$

$$Con(f) = 1 - \sqrt{\frac{12 \times A(f) \times B(f)}{(A(f)+B(f))^2(A(f)+B(f)+1)}} \qquad (4-14)$$

$$P_F\_Final(f) = 1 - \frac{\sqrt{\dfrac{(Cre(f)-1)^2}{x^2} + \dfrac{(Con(f)-1)^2}{y^2}}}{\sqrt{\dfrac{1}{x^2} + \dfrac{1}{y^2}}} \qquad (4-15)$$

4.3.4 基于信任事实的文本信任度评估算法

4.3.4.1 文本信任度指标

文本信任度,一般认为,是用户(主体)对信息文本(客体)的信任程度。显然,文本信任度是一个相当主观的概念,难以进行完全地、客观地度量。然而,信息文本总是提供了关于某个主题的一定的信息的,如信任事实。这些信息的可信程度在一定意义上决定了读者对文本的信任程度。对于一篇包含信任事实的信息文本来说,其中的信任事实的可信度在某种程度上反映了文本信任度,这就启示可以通过对信息文本中包含的信任事实的可信度的评估,对信息文本的信任度进行量化。

根据前面叙述,一个文本 T 的信任度是指该文本所包含的信任事实的事实可信度的期望值,用 $P_T(T)$ 表示。

4.3.4.2 方法一: 以事实可信度的简单平均值作为文本信任度

根据前文介绍信任事实的提取规则,一个信息文本 T 可以转换为一个信任事实的集合。用 FS_T 表示信息文本中信任事实的集合,而用 $|FS_T|$ 表示集合 FS_T 包含的元素个数。

根据定义,一个信息文本 T 的信任度 $P_T(T)$ 可以表述为式(4-16):

$$P_T(T) = \frac{\sum\limits_{f \in FS_T} P_F(f)}{|FS_T|} \tag{4-16}$$

(1) 当 $|FS_T| = 0$

信息文本 T 中不包含信任事实,即 $FS_T = \Phi$,$|FS_T| = 0$。此时,式(4-16)没有意义,方法不适用于不包含信任事实的信息文本。

(2) 当 $|FS_T| = 1$

信息文本 T 中仅包含一个信任事实 f。信息文本的信任度就是该信任事实的可信度,即 $P_T(T) = P_F(f)$。实验证明,对于只包含少量信任事实的信息文本,方法并不是很有效。

(3) 当 $|FS_T| = n$

信息文本 T 中仅包含一定数量 n 的信任事实 f,形成信任的集合 FS_T。集合 FS_T 中所有信任的可信度可以在某种程度上反映信息文本 T 的信任度。大量的实验结果证明此时方法的有效性很高。

4.3.4.3　方法二:以事实可信度加权平均值作为文本信任度

式(4-16)掩盖了不同的信任事实对信息文本信任度的影响因子的不同。经过大量的观察和研究,初步总结了以下四条启发式规则。

规则 4.3　信任事实出现摘要或结束语中,对文本信任度的影响比出现在语篇中大;出现在篇首(篇尾)、段首(段尾)比出现在篇中、段中大。

规则 4.4　信任事实的事实变量是关键词,对文本信任度的影响比事实变量为非关键词的信任事实大。

规则 4.5　与文本主题密切相关的信任事实对文本的信任度的影响要大一些。

规则 4.6　在期望值相同的情况下,信任事实在文本中所占的比例越大,文本信任度越高。

依据以上四条规则,形成最终的信息文本信任度计算式(4-17):

$$P_T(T) = \frac{\sum\limits_{f \in FS_T} P_F(f) \times W(f)}{|FS_T|}$$

$$\times \frac{1}{1 + \frac{1}{4}\lg(|T_S|/|FS_T|)} \tag{4-17}$$

其中,$W(f)$ 表示信任事实的权重。

式(4-17)的适用范围同式(4-16)。权重决定于以下三个因素:信任事实在文本中出现的位置、信任事实的事实变量是否是文本的关键词、信任事实的事实变量与文本主题的相关度,如式(4-18):

$$W(f) = \theta + \alpha \times WC_P(f) + \beta$$
$$\times WC_K(f) + \gamma \times WC_S(f) \qquad (4-18)$$

其中,$WC_P(f),WC_K(f),WC_S(f)$分别表示位置权重、关键词词频权重和主题相关度权重,$\theta,\alpha,\beta,\gamma \in (0,1)$并且$\alpha+\beta+\gamma=1$,使得$W(f) \in (\theta,1)$,可以通过调节$\theta$值控制权重对事实可信度的影响。

下面分别讨论各个权重的计算方式。

(1) 位置权重$WC_P(f)$的计算

信任事实可能出现在一篇文本的摘要、篇首、篇尾、段首、段尾和段中六个位置。不妨将这六个位置的权比例因子分别设为$a4:a3:a3:a2:a2:a1$。根据规则(4.6),$a4>a3>a2>a1>0$。信任事实的位置权重为它所对应的权比例因子与最大比例因子的比值。

(2) 关键词词频权重$WC_K(f)$的计算

信息文本的关键词根据词频确定。信任事实的关键词词频权重为该事实的事实变量的词频与所有关键词的词频中最大值的比值。

(3) 主题相关度权重$WC_S(f)$的计算

主题相关度权重需要建立在主题词汇库的基础上,将信息文本根据政治、经济、体育、军事等不同的主题进行分类,然后分别建立每个主题下的常用词汇库,形成主题词汇库。然后,根据事实的事实变量是否在文本所处主题类的主题词汇库中将主题相关度权重设定为1(相关)或0(不相关)。

4.3.4.4 可信评估算法

根据4.3.4节中描述的信任事实可信性评估方法,本节给出了基于信任事实的文本可信度评估算法,具体如图 4-5 所示。

算法 4.4:文本信任评估算法
　　Input:f;信任事实;
　　Output:$P_F(f)$;信任事实可信度
　　Step1:根据当前信任事实 $f=(\mathrm{TO,TM,TD,TC})$,生成信任事实的另外 5 中形式:$f^{PG}=(f_{RC}{}^P,f_{RD}{}^P,f_{RP}{}^P)$,$f^{NG}=(f_{RC}{}^N,f_{RD}{}^N,f_{RP}{}^N)$
　　Step2:依次对 $f_{RC}{}^P,f_{RD}{}^P,f_{RP}{}^P,f_{RC}{}^N,f_{RD}{}^N,f_{RP}{}^N$ 进行搜索,记录反馈数目 n;
　　Step3:计算事实可信度 $P_F(f)$,若 $f\in f^{PG}$,则转步骤 3.1,否则转步骤 3.2;
　　Step3.1:计算公式(4-4);
　　Step3.2:计算公式(4-6);
　　END。

图 4-5　基于信任事实的文本可信度评估算法

4.3.5　信任事实评估案例分析

案例 4.1　作者搜集了一些典型的信任事实,并利用在第 4.3.2 节提出的事实可信度评估方法对这些信任事实进行了可信评估。实验中,q_{RC},q_{RD},q_{RP} 分别取值 1.2,1 和 0.6。实验结果如表 4-4 所示,其结果符合人们的正常认识。

表 4-4　不同领域内信任事实的可信度评估结果

序号	信　任　事　实	信任事实可信度
1	台湾是中国领土神圣不可分割的一部分	1.000 0
2	科学发展观是坚持以人为本,全面、协调、可持续的发展观	1.000 0
3	市场经济是信用经济	0.999 8
4	法轮功为邪教	1.000 0
5	乒乓球被称为中国的国球	1.000 0
6	Linux 不是开源的	0.000 9

案例 4.2 利用第 4.3.4 节提出的方法,对一篇来自人民日报的文章《科学发展观是构建和谐社会的行动指南》[101] 进行了评估。实验中,q_{RC},q_{RD},q_{RP} 分别取值 1.2,1,0.6;位置权重比例为 4:3:3:2:2:1;主题相关度设为 1;θ,α,β,γ 分别为 0.7,0.1,0.1 和 0.1。实验结果如表 4-5 所示。

表 4-5 信息文本评估

序号	信 任 事 实	综合权重	可信度
1	科学发展观是我国经济社会发展的重要指导方针	0.840	1.000 0
2	深入贯彻落实科学发展观是全面建设小康社会的必由之路	0.828	0.999 8
3	发展是我们党执政兴国的第一要务	0.925	1.000 0
4	解放和发展社会生产力始终是社会主义的根本任务	0.826	1.000 0
5	以人为本是科学发展观的核心	0.854	1.000 0
6	全面协调可持续是科学发展观的基本要求	0.854	1.000 0
7	协调是和谐的手段	0.840	0.999 6
8	和谐是协调的目的	0.865	0.998 7
9	统筹兼顾是科学发展观的根本方法	0.856	0.999 9
10	构建和谐社会的过程,就是在妥善处理各种矛盾中不断前进的过程	0.826	0.979 8

由于信任事实所占的比例和综合权重的影响,使得文本信任度值偏低。大量的实验表明,信任度值在 0.6 以上的信息文本已经比较可信。从表 4-5 可以看出,《科学发展观是构建和谐社会的行动指南》中每个信任事实的可信度是非常高的,文本信任度 0.715 7 也表明信息文本是非常可信,这与实际情况也是符合的。

4.4　本章小结

　　本章首先详细分析了信息文本中信任事实的句型、表示和提取方式，然后深入研究了信任事实在互联网中搜索时反馈的数据与事实可信度的关系，最后以互联网作为知识库，根据信任事实的互联网搜索反馈的数据及统计，实现了感知信息文本内容的信任度评估方法。方法既不需要专门的大规模的知识库作基础，也回避了复杂的自然语言理解的难题。大量的实验结果证明，在目前互联网广泛普及的情况下，该方法不失为一种有效的信息文本的信任度评估方法。

第5章

信任证据的挖掘及其多源求证理论

　　在上一章中，本书针对文本中的信任事实进行了深入研究，本章就另外一个具有深层语义的信任特征——信任证据进行探讨。信任证据是信息文本中描述某一事件所涉及的时间、地点、人物、事件主题等具体信息及其相互之间关系的一种信任特征，这些信息的真实可靠性决定了该信息文本的可信性。提出一种基于自然语言处理的信任证据挖掘方法，并研究了其多源求证理论；最后，不失一般性，以 Web 上的新闻文本为研究对象，试验证明了提出的方法和理论的有效性。本章主要考虑英文文本中的信任证据挖掘和评估方法，中文文本中信任证据的提取方法与之类似。

5.1　在线文本的可信性问题

　　互联网是人们生活中的重要组成部分，它已逐渐成为人们获取信息的主要来源。利用网络，人们可以获得各种各样的信息资源。例如，可以通过访问 Amazon. com 或者 eBay. com 查看在线商品的相关信息，进行网上购物；可以通过访问 NetFlix. com 查看电影评论，来寻找自己喜欢的电影；可以通过访问 CNN 或 New York Times 浏览每天发生的事件和重要的新闻信息;等等。这些在线文本也是文本的一种,是互联网上信息的一种集中体现。

但是,互联网上的文本信息总是可信的吗? 答案是否定的。事实上,现有的互联网机制很难保证其提供信息的正确性。以在线新闻为例,如表5－1所示,不同的在线新闻文本往往提供了不同甚至相互矛盾的信息。

表 5－1　在线新闻提供的冲突信息

No	Online News	Headline
A	CNN	**Bush** says he'll deliver **$ 20** billion to *NY*
B	New York Times	**Bush**, in *New York* , Affirms **$ 20** billion Aid Pledge
C	Web Site X	**Clinton** Reassures *New York* of **$ 20** billion
D	Web SiteY	**Bush** gives *New York* a aid pledge of **$ 500** billion for election

现在的网络用户已经意识到了互联网信息可信性的问题。一份关于网站可信性的调查显示,54％的网络用户相信大型门户新闻网站,但是只有26％的用户相信购物网站,13％的用户相信个人博客(Blog)网站[89]。

目前利用超链接对网页的权威性排序已有许多研究,例如 Authority-Hub 分析[73],PageRank[72],还有其他一些基于超链接的研究[102]。但是,网站的权威性和其信息的可信性有必然联系吗? 权威性高的网站其提供的信息就一定是正确的吗? 答案也是否定的。例如,当用 Google 检索新闻报道的时候,在排名靠前的新闻网站中仍然可以发现对新闻事件的一些失实报道。

本章以在线新闻文本为例,提出了基于信任证据的文本可信性问题:在在线文本中,如何通过信任证据从某些相互冲突矛盾的事件中找到每一个事件的真实描述。对于同一个事件,网络中会有各种各样彼此冲突的信息,例如不同的人物、不同的发生地点等,这些素材可以作为信任证据用来评估文本的可信性。如果一个证据是同时由许多报道文本提供的,那么,它极可能是真实的;同样,如果一篇报道提供的证据是真实的,那么,该篇报道更具可信性。

根据这种信任证据和文本的相互依赖关系,本章提出了一种迭代计算方法(Iterative Computational Method)。在每一次迭代过程中,信任证据真实的可能性和文本的可信性可以相互计算得到。一篇报道的可信性不依赖于其提供证据的多少,而依赖于这些证据的真实和正确与否。该方法具有一定的挑战:首先,不能通过简单相加提供这个证据的报道的可信性来计算证据是否是真实的,因为这样会导致计算的非线性;其次,不同的证据之间会相互影响。例如,如果一篇新闻报道说事件 A 发生地是 New York,而另一篇新闻报道说发生地是 NY,那么,虽然这两篇新闻报道在提供证据时略有不同,但是它们是相互支持的。本章所提出的算法可以很好地解决上面两个问题。

5.2 文本中蕴含的信任证据

当用户在网络上检索信息时,其浏览的信息并不一定正确。例如,在电子公告板和自由撰写的博客中有很多不实的信息。除此之外,文本也可能发布错误信息,为了挑选出可信信息,用户必须自己过滤掉这些错误信息。

近几年来,许多学者已在信息检索领域做了较为深入的研究,但是,随着网络的日益膨胀,应当重新思考信息检索的相关应用。例如,网络上的新闻报道数量大幅度增加,因为:(1)网络为发布新闻报道提供了一种廉价、及时的平台;(2)电信网络较于以前更加紧密地与世界联系在一起,使每天发生的事件及时地报道出来为人们所知。这些海量的新闻报道给评估网页内容可信性带来了困难，但同时也提供了丰富的数据。例如，Google 新闻有 4 500 个新闻源[103]，而 Yahoo! 有 5 000 多个[104]。

内容信任被认为是一种解决网络资源可信性问题的有效方式[16]。以在线新闻为例，提出了一种基于信任证据的文本可信性评估方法，该方法首先定义文本中反映该文本内容可信性的信任证据，然后提出了一种基于语法依赖树的信任证据挖掘方法，在此基础上比较互为同意语句间的信任证据，进而提出了信任证据的多源求证理论，最后利用该理论提出了基于信任证据的文本可信性评估算法。

新闻通常是指在报纸上发布，广播电视中播出或网络上报道的关于最新发生事件的信息[105]。包含新闻报道的文本主要包含四种类型的信息：人物，时间，地点和相关事件的关键字。同样的，事件也包含人物、时间、地点和关键字。因此，本节首先定义新闻事件如下：

定义 5-1（新闻事件）　新闻事件是在特定时间和地点发生，并在一段时间内被许多新闻文本连续报道的事情。

根据新闻学中的相关研究[105]，影响新闻可信性的因素主要有以下四种：

（1）客观性：所描述的事件信息没有经过个人情感或喜好的修饰，完全反映了事件本来的情况；

（2）真实性：对事件的描述完全是基于客观事实的，没有任何虚假报道；

（3）及时性：报道的事件应该是最近发生的，通常，报道的事件越早，该报道的及时性就越强；

（4）价值性：新闻事件的报道应该对读者有一定的影响力和价值，读者在读取了该报道后获得的知识越多，说明该报道的价值性越强。

另一方面，在人们的日常生活中，证据对于信任有着至关重要的作用。例如，陪审团主要依靠相关证据来判断一个嫌疑犯的供词是否真实可信，从而进行定罪。与此类似,本书定义了文本中的信任证据来帮助说明该文本的可信性。

定义 5‐2(新闻文本中的信任证据) 信任证据是指文中相关事件的事实信息及其之间的关联关系,信任证据包含下面四个因素:人物,地点,时间和关键字,这些因素可以用来评估该文本的可信性。因此,也可以认为信任证据是文本中所包含的人物、地点、时间和关键字之间的关联关系。

$$
\begin{aligned}
Evidence &= <persons, locations, time, keywords> \\
persons &= <person_1, person_2, \cdots, person_n> \\
locations &= <location_1, location_2, \cdots, location_n> \\
time &= <time_1, time_2, \cdots, time_n> \\
keywords &= <keyword_1, keyword_2, \cdots, keyword_n>
\end{aligned}
\tag{5-1}
$$

其中,人物集合由新闻中出现的人名组成,地点集合由事件发生地点组成,时间集合由事件发生时间点组成,关键字集合由事件相关的关键字组成。

为了评价文本的可信性,下面引入另外两个重要的定义,信任证据的真实性和报道文本的可信性。

定义 5‐3(信任证据的真实性) 信任证据 e 的真实性,由 $f(e)$ 表示,是指根据常识判断 e 正确的概率。

定义 5‐4(报道文本的可信性) 新闻报道 a 的可信性由 $t(a)$ 表示,是指 a 提供的证据的正确性的期望值。

由于文本的可信性是依赖于其提供的信任证据的真实性的,因此,对于文本 a,可以通过计算 a 提供信任证据的平均真实性衡量 a 的可信性,如式(5‐2)所示:

$$
t(a) = \frac{\sum_{e \in E(a)} f(e)}{E(a)}
\tag{5-2}
$$

其中，$E(a)$ 是 a 提供的信任证据的集合。

关于同一事件的不同信任证据间有可能互相关联。即使有些句子表达不同，它们仍然表述相同的内容，可以相互支持。如表 5-1 中的例子，表示事件地点的"New York"和"NY"。如果其中一个是真实的，那么，另一个也是真实的。为了表达事件中的这种关系，提出信任证据间关联性的概念(Implication between evidence)。信任证据 e_1 到 e_2 的关联，由 $\mathrm{imp}(e_1 \rightarrow e_2)$ 表示，是指信任证据 e_1 对 e_2 真实性的影响，也就是说，根据 e_1 的真实性，e_2 的真实性可以相应地增加或减少多少。

根据在线新闻文本的特点，参考文献[89]，不失一般性，本书进一步定义如下规则：

规则 5.1 对于一个新闻事件一般只有一种真实的信任证据(时间、地点等)。

规则 5.2 这些信任证据在不同的文本中是彼此相似的。

规则 5.3 错误的证据和真实的证据是不一样的。

规则 5.4 一篇文本为某些事件提供的信任证据是真实的，那么，它为其他事件提供的信任证据很有可能也是真实的。

基于上述规则和定义，本章提出了一种评估报道文本可信性的算法：TrustNewsFinder。TrustNewsFinder 的输入是文本提供的关于某类事件的信任证据，这些证据是存在于网页中的，输出是该文本的信任度值。同时，不同文本间提供的证据可能是相互冲突的，因此，TrustNewsFinder 的目的是在这些相互冲突的证据中寻找到真实的证据。如图 5-1 所示。

整个过程可以归纳如下：首先分析报道文本的内容，提取出关于目标事件的各种信任证据(时间、地点、人物等)；然后采用本章提出的迭代算法评估该文本的可信性，即：信任证据发现和多源求证迭代计算模型。本章第 5.3 节和第 5.4 节分别对这两个方面进行详细的叙述。

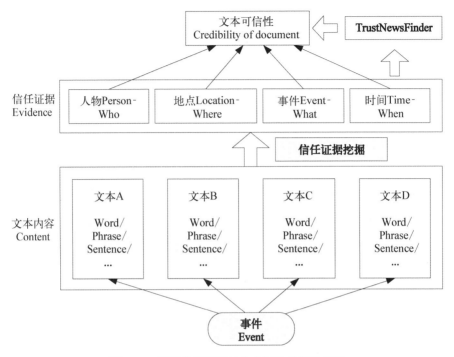

图 5‑1　基于信任证据的文本可信性评估框架

5.3　基于依赖树解析的信任证据挖掘方法

本小节将详细讲述如何在大量的文本中发现和提取关于某个事件的证据。

5.3.1　信任证据的语义特征

人们表述一个事件时可以使用许多不同的方式。这种语言上的不确定性给自然语言处理过程增加了难度。例如,表 5‑2 列举了几个报道的标题,可以看出,虽然每个标题都是报道同一条事件,即张亚勤被任命为微软全球副总裁,但是,这些标题的表达方式却各不一样。

表5-2　同一个事件的几种不同表述

序号	标　　题
A	Vice managing director Zhang Yaqin of Microsoft Corp. was promoted to Microsoft's global vice president. 微软公司的常务董事张亚勤晋升为微软全球副总裁。
B	Microsoft Corp. decided the promotion of vice managing director Zhang Yaqin to global vice president in 2004. 在 2004 年,微软公司决定晋升其常务董事张亚勤为全球副总裁。
C	Bill Gates appointed Zhang Yaqin as Microsoft's global vice president. 比尔·盖茨任命张亚勤为微软全球副总裁。

在许多对自然语言研究的领域,如信息检索、机器翻译、智能问答、文本自动摘要、信息抽取等,要求能够正确处理和识别出这类表述。然而,根据语言的自然语义来分析这些表述存在一定难度,因此,从文本中找出关于某一事件的相关信任证据是一件具有挑战性的工作。

本书提出的方法是,从给定的在线新闻文本集中(本书主要选取金融和 IT 方面的文本)自动获取互为同意语句的语句集,然后挖掘事件中的信任证据。同时,本书也提出了从文本集中自动获取同意语句的一种方法。

为了自动获取证据,收录在文本集中的文本报道多是描述同一个事件的。如表 5-2 所示,这些标题是从同一天的相关新闻报道中抓取下来的。

然而,信任证据获取的困难之处在于,一些句子虽然措辞结构不同,但其表述的含义是一样的,如表 5-2 所示。因此,简单的定义规则是行不通的。

本书利用文本中的命名实体(Name Entity,NE)来寻找对同一个事件的不同表述。NE 是指诸如地点、人物、组织、时间、数量等的表述。例如表 5-1 中的“Bush”,“New York”,“＄20 billion”等,都可以视为命名实体。如果两个句子中含有相同或相似的命名实体,则可认为它们互为同意语句,表述了同一个事件。句子之间的相似度随着它们含有相同命名实体的数量增多而不断增加。通过使用命名实体，可将表 5-1 中的报道改写如下：

Bush，in New York，Affirms ＄20 billion Aid Pledge

→Person1，in Location 1，affirms Keyword1 Aid Pledge.

Clinton Reassures New York of ＄20 Billion

→Peison1 Reassures Location1 of Keyword1

由此，可以使用命名实体比较文本集中的各种表述和证据。本书采用的方法基于下面的假设：信任证据一般是命名实体的集合，在不同的文本中通常相同或具有一致性。因此，文本中的每个句子都含有相似的命名实体，他们极有可能表述的同一个事件，也就是说，这些句子可以用来提取信任证据。

5.3.2　基于命名实体的信任证据挖掘过程

结合上面内容，本书提出的信任证据的挖掘过程如下：首先从两个新闻网站上抓取一个特定领域的报道文本。使用已有的自然语言处理工具（本书使用 Natural Language Toolkit[106]）来抓取报道某个特定事件的文本，例如关于通货膨胀和金融危机方面的。然后将关于同一类事件的报道归类，本书采用的方法基于 TF/IDF，TF/IDF 常用来进行主体分类[107]。下一步将会比较每一篇文本中的句子，寻找到有相似命名实体的句子群。

同时，本书采用一种基于依赖树的方法抽取句子中的对应成分。依赖树的叶子节点代表段落，边代表段落间的依赖关系[108]。使用该段落中代表性单词的原型来标志每一个叶子节点。依赖树还可以用来重构文本段落。如果两个段落含有的相似命名实体超过阈值，则接受为证据。最后形式化命名实体为段落变量，由此可以将它应用到其他段落中去。整个过程如图 5-2 所示。

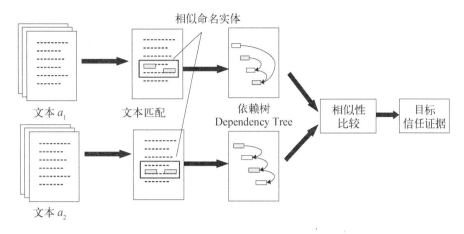

相似命名实体

文本 a_1　　文本匹配　　依赖树
Dependency Tree　　相似性比较　　目标信任证据

文本 a_2

图 5 - 2　证据获取方法的示意图

5.3.3　语义依赖树的构建及信任证据的挖掘算法

下面详细叙述信任证据挖掘算法,该算法过程可分为 3 个阶段。

(1) 报道文本的预处理

报道文本的预处理过程包括下面几个步骤:标记文本,识别缩略词,利用专用的停用词表去除停用词,以及词性标注。本书采用 Stuttgart 大学研发的 Tree-Tagger 解析器对新闻报道进行词性标注[108]。同时还抽取了文本中的相关重要信息,例如新闻发布时间和新闻中提到的地名。

首先从一个新闻网站中抽取某特定领域的新闻报道,然后再从其他相关网站中抽取报道相同事件的文本。对于从第一个网站中收集到的每一篇文本,同时从其他网站中寻找相应的报道文本,通过计算两篇文本间的相似性,选取相似性最大的一篇。上述工作和信息检索中的话题识别与追踪(Topic detect and tracking, TDT)工作相似,因此,本书基于 TDT 技术将两个文本 a_1 和 a_2 之间的相似性 $S(a_1, a_2)$ 定义如下:

$$S(a_1, a_2) = \cos(W_1, W_2) \tag{5-3}$$

$$W^i = TF(w_i) * IDF(w_i) \tag{5-4}$$

$$TF(w_i) = \frac{f(w_i)}{f(w_i) + 0.5 + 1.5 * \dfrac{dl}{avgdl}} \qquad (5-5)$$

$$IDF(w_i) = \frac{\log\left(\dfrac{C+0.5}{df(w_i)}\right)}{\log(C+1)} \qquad (5-6)$$

其中，W_1，W_2 为两个向量，为文本 a 和文本 b 的参数，每一个分量等于命名实体在文本中出现的次数。$f(w_i)$ 是命名实体 w_i 出现次数；$df(w_i)$ 是文本出现频率，即含有 w_i 的文本数量；dl 是文档长度，C 是文档数量，$avgdl$ 是文档平均长度。

当某个命名实体出现在文本中时，即采用上述公式选择出相似度大于某一阈值的两篇文档。本阶段使用的是基于词典的命名实体标记法，该方法可以挑选出不包含在词典名词集中的词条，并能识别出命名实体的类型。

(2) 构建语义依赖树

预处理后，需要对每篇文本构建相应的语义依赖树。使用基于统计的命名实体标记法将文本中的命名实体标记出来后，需要对句子进行依赖分析，每一篇文本可以得到一个带有命名实体标记的依赖树。本书采用已有的信息提取(Information Extraction, IE)句型对句子分析，首先过滤掉和这些句型不匹配的。本书对于每一个匹配成功的句子与对应句型相关联。这些句型中的变量由命名实体组成。

整个过程如图 5-3 所示，A 和 B 分别对应表 5-2 中的句子 A 和句子 B，它们描述的是同一个事件。句子 A 匹配句型 1，句子 B 匹配句型 2。同时，将两个句型与句子相关联，并且句型中的每个部分都是由命名实体组成。如图 5-3 所示，TEMP 部分是由 Global Vice President 组成。通过构建语义依赖树可以看到，句子中的主要命名实体可以对应的表示出来，为

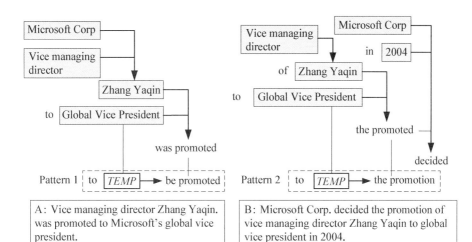

图 5 - 3　段落抽取示例

后面信任证据的提取做好了准备。

（3）信任证据的抽取

有了上面的准备工作，就可以进行信任证据的挖掘了。首先抽取一组相似的句子，使用 TF/IDF 方法计算任何两个句子中的命名实体，得到 NE 的出现频率。句子 s_1 和 s_2 的相似度定义如下：

$$S(s_1,s_2) = \cos(W_1,W_2) \tag{5-7}$$

$$W^i = TF(w_i) * IDF(w_i) \tag{5-8}$$

$$TF(w_i) = f(w_i) \tag{5-9}$$

$$IDF(w_i) = \log\left(\frac{C}{df(w_i)}\right) \tag{5-10}$$

其中，W_1 和 W_2 代表文本 s_1 和 s_2 和特征向量，其中，每一个元素用 W_1^i 和 W_2^i 表示，$f(W_i)$ 是命名实体 Wi 在句子中的出现次数。$df(Wi)$ 是含有 Wi 的句子数，C 是新闻报道中的总 NE 数。

然后,使用字符串部分匹配法(Substring matching)来比较两个命名实体。对于指向同一个实体的若干个候选实体可能存在不同的形式,如"Bush","George W. Bush"或"Mr. Bush"。因此,只要两个命名实体的主要部分相同,则认为它们是相似的。

接下来选取相似度大于某个阈值的语句对,如果每一个被赋予对应句子的 IE 句型有相同数量的相似命名实体,则将它们作为信任证据的候选语句,同时其中的命名实体可以抽取作为相关的信任证据。

紧接上面的实例,如图 5-4 所示,句子 A 和句子 B 都含有命名实体("Microsoft Corp","Global Vice President","Vice Managing Director"和"Zhang Yaqin")。而且句型 1 和句型 2 含有相同的主题内容("Global Vice President")。因此,这两个句子互为同意语句,其中包含的命名实体就可以作为这个主题相关的信任证据。

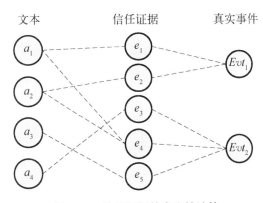

图 5-4　信任证据的真实性计算

5.4　信任证据的多源求证评估方法

本节详细讨论如何评估信任证据的真实性,进而可以通过信任证据来评估整个文本的可信性。回顾 2.2 节提出的规则,如果一个信任证据由很多可信任的文本所提供,则它极有可能是真实的;类似的,如果一个信任证据和其他文本中的信任证据有冲突,则有可能是不真实的。同样的,如果一篇文本提出的证据多是真实的,则可以认为该文本是可信任的。可以看到,文本的可信性和信任证据的真实性是相互影响的,因此本节提出一个迭代模型来计算两者。同时根据规则 5.3,最后可以将真实的信任证据辨别出来。本书将这套机制称作信任证据的多源求证理论。

5.4.1　在线文本的可信性和证据的真实性

在前面已经定义了文本 a 的可信性计算公式,与判断文本的可信性相比,计算证据的真实性相对困难。例如,如图 5-4 所示,证据 e_1 的真实性由提供它的文本 a_1 和其他报道同一个事件的信任证据所共同决定。

5.4.2　简单情况的信任证据真实性计算

参考文献[89],本节首先分析没有相关性信任证据的最简单情况。如图 5-5 所示,关于事件 Evt_1,只有信任证据 e_1 所支持。

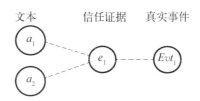

图 5-5　简单情况下的信任证据真实性计算

由于 e_1 由 a_1 和 a_2 提供,因此,如果 e_1 是错误的,则 a_1 和 a_2 都是错误的。首先假设 a_1 和 a_2 不相关。因此,二者均错误的概率是

$$(1-t(a_1)) \cdot (1-t(a_2)) \qquad (5-11)$$

e_1 正确的条件下,此概率为

$$1-(1-t(a_1)) \cdot (1-t(a_2)) \qquad (5-12)$$

一般来说,如果 e_1 是关于某一个事件唯一的信任证据,则 e_1 的真实性可计算如下:

$$f(e) = 1 - \prod_{a \in A(e)} (1-t(a_1)) \qquad (5-13)$$

其中,$A(e)$ 是提供 e 的文本集合。

在式(5-13)中,$1-t(a_1)$ 通常比较小,相乘之后会影响其准确性和敏感性。因此,为方便计算,使用对数函数,定义文本 a 的可信性如下:

$$\tau(a) = -\ln(1-t(a)) \qquad (5-14)$$

$t(a)$ 在 0 和 ∞ 间,因此可以更好地刻画 a 的可信性。例如,有两篇文本 a_1 和 a_2。计算得到 a_1 的可信性 $t(a_1)=0.9$,a_2 的可信性 $t(a_2)=0.99$。可以认为 a_2 比 a_1 更加可信,但是如果按照 $t(a_2)=1.1*t(a_1)$,二者之间的差别是不明显的。但是如果按照式(5-14),计算得到 $t(a_2)=2*t(a_1)$,这样就可以更好地体现 a_1 和 a_2 可信性的差别。

因此,定义信任证据的真实性如下:

$$\sigma(e) = -\ln(1-f(e)) \qquad (5-15)$$

值得注意的是,信任证据 e 的真实性计算值是提供 e 的文本可信性的总和。如下面的定理 5.1 所述:

定理 5.1 信任证据的真实性计算值是提供该信任证据的文本可信度的总和,如式(5-16)所示:

$$\sigma(e) = \sum_{a \in A(e)} \tau(a) \qquad (5-16)$$

证明：根据等式(5-13)，两边取对数，得到下式：

$$\ln(1 - f(e)) = \sum_{a \in A(e)} \ln(1 - t(a)) \Longleftrightarrow \sigma(e) \qquad (5-17)$$

5.4.3　复杂情况下的信任证据真实性计算

上节讨论了一个事件只有一个证据时如何计算该证据的真实性。而实际的情况中，关于某个事件通常会有多个不同的信任证据所支持，例如图 5-6 中的 e_1 和 e_2，并且这些信任证据是相互影响的。

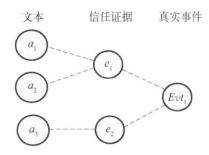

图 5-6　复杂情况下的信任证据的真实性计算

假设图 5-6 中 e_1 和 e_2 的关联性非常高，如果 e_2 由很多可信的文本提供，那么，e_1 也可能是由这些文本提供的，则 e_1 也应该有很高的真实性。应当根据 e_2 的真实性数值来增加 e_1 的真实性，这个数值是提供 e_2 的文本的可信性数值的总和。因此，调整信任证据 e 的真实性计算方式如下：

$$\sigma'(e) = \sigma(e) + w \cdot \sum_{\sigma'(e') = \sigma(e)} \sigma'(e') \cdot imp(e' - e) \qquad (5-18)$$

其中，w 是信任证据相关性因子，是介于 0~1 之间的参数。可以看出，调整后 e 的真实性是 e 的真实性和每一个相关的证据 e' 乘以 e' 和 e 相关系数的总和。值得注意的是，如果 e 和 e' 冲突的时候，相关度 $imp(e' - e) < 0$。

可以根据 $\sigma'(e)$ 计算 e 的真实性,基于等式(5-15)中定义的 $\sigma(e)$,用 $f'(e)$ 表示 e 的真实性,如下所示:

$$f'(e) = 1 - e^{-\sigma(f)} \qquad (5-19)$$

5.4.4 基于信息质量的文本可信度初始化设置

该方法的最后一步是需要对所有文本的可信性进行初始化设置。本节引入基于信息质量的方法对文本进行可信性初始化。

对于信息质量来说,在计算一篇文本时最重要的方面是选择质量标准。本节选择的质量标准参考在线信息系统[105]和信息质量服务器[109]的相关标准。定义了如下 16 个常用的信息质量标准:主观性,影响范围,深度,一致性,精确性,时效性,来源,维护性,实时性,实用性,权威性,外观,信息-噪音比率,书写质量和普遍性。从中选择了以下 6 个被广泛使用并且易于计算机自动分析的信息质量指标:实时性(Currency),一个事件在多长时间内被报道;实用性,此报道含有的损坏链接个数;信息-噪声比率,一篇报道中含有有用信息的比率;权威性,报道发布组织的权威性;普遍性,引用此报道的其他文本个数;一致性,报道内容对同一个主题的关注度。

其中,每个信息质量指标按照如下方式计算:

实时性:根据文本最后一次修改的时间标记计算;

实用性:该文本含有的已损坏的链接个数除以总链接个数;

信息-噪声比率:处理后 Token 的总长度除以文本长度;

权威性:本实验中计算文本的权威性时基于 Yahoo Internet Life (YIL)[110],将文本站点分配一个 2—4 的数值。如果文本所处的网站没有被 YIL 收录到,其权威性设为 0;

普遍性:指向该文本的链接个数。该信息可从 AltaVista[111]网站上获得;

一致性：一致性是由文本对同一个主题的关注度决定的，如下所述。

其中，一致性的计算相对复杂些，本书利用基于本体的向量空间分类器[112]计算该一致性。该本体共有 11 级，4 385 个从 Magellan 站点[113]上下载的节点。其中每一个主题有多达 20 篇文本关联，作为概念本体的训练文档。这些训练文档是相互关联的，可以用一个向量空间指示器为本体中每一个概念创建一个向量。然后计算代表待分类文本的向量和本体中概念向量的 *cosine* 值，并返回前 10 个 *cosine* 最大的主题和其匹配值。文本的一致性则是由本体中前 20 个主题决定的。前 20 个主题关联越紧密，本体中的主题关联也越紧密，一致性也越高。文本的一致性计算如下：

$$\frac{\dfrac{A(A-1)}{2}-\dfrac{B(B-1)}{2}+\sum_{i=0}^{A-1}\sum_{j=0}^{B-1}W_{ij}\times P_{ij}}{\dfrac{A(A-1)}{2}} \tag{5-20}$$

其中，A 是要求匹配的最大主题数量（本书设置的是 18）。B 是 A 和实际返回的匹配主题数中的较小值。P_{ij} 是主题 i 和主题 j 除以本体的高度。W_{ij} 主题 i 和主题 j 匹配之和。

式(5-20)只考虑了匹配主题的拓扑值，忽视了匹配值的大小。可以在上面公式的基础上作如下改进：

$$\frac{\dfrac{A(A-1)}{2}-\dfrac{B(B-1)}{2}+\sum_{i=0}^{A-1}\sum_{j=0}^{B-1}P_{ij}}{\dfrac{A(A-1)}{2}} \tag{5-21}$$

每一个质量标准计算完成后，通过下面公式得到每一篇文本的初始可信值：

$$t_0(a)=\sum w_i * q_i \tag{5-22}$$

其中,w_i是每一个信息质量对应的重要因子,并且 $\sum w_i = 1$。q_i是每篇文本标准化的质量标准,包括实时性、实用性、权威性、信息-噪声比率、普遍性和一致性(这里 $k=6$)。

5.4.5 TrustNewsFinder 算法

如上文所述,知道证据的真实性,就可得到文本的可信性。本节将上文所讨论的方法和在一起,提出一个 TrustNewsFinder 算法利用信任证据来评估文本的可信性。该算法使用迭代的方法计算文本的可信性和证据的真实性。初始阶段,TrustNewsFinder 关于文本和证据的信息非常少,其进行每一次迭代时,直到达到稳定状态时停止计算。

根据等式(5-22)计算得到的可信性 t_0 作为每一篇文本的初始状态。每一次迭代开始时,TrustNewsFinder 首先利用文本的可信性计算证据的真实性,然后根据证据的真实性反过来重新计算文本的可信性。当达到某个稳定状态时停止迭代过程。稳定过程可通过文本的可信性是否变化来衡量。文本集合的可信性由向量来表示,当新的向量和旧的向量 cosine 相似值变化很小时(例如小于 0.01),迭代即可停止。整个算法如图 5-7 所示。

算法 5.1 TrustNewsFinder 算法

输入:$Evidence = \{persons, locations, time, keywords\}$; a set of evidence from the news article

    λ; maximum difference between two iterations

输出:$\tau(a_i)$; trustworthy score of news article

    $\sigma(e_i)$; confidence score of evidence

Step1:$t_0(a_i)$; calculate the initial trustworthy score of news articles

Step2:$\sigma'(e_j)$; calculate the confidence score of evidence included in a specific news article

Step3:$\tau(a)$; calculate the trustworthy score of news articles regarding the confidence score of the included evidence

Step4:Repeat setp2 and step3 until the Δ iteration $\rightarrow 0$ or iteration$>\lambda$

图 5-7　TrustNewsFinder 算法

5.5　信任证据挖掘和评估实验结果及其分析

本节利用以后的相关数据证实 TrustNewsFinder 算法的有效性。首先估计了此信任证据发现算法的效率，并将其与基于投票（Voting）的方法比较其准确率。基于投票的方法采用少数服从多数的方式评估文本中信任证据的真实性。同时，通过利用 Google 和 Yahoo! 搜索排名靠前的文本页面比较了 TrustNewsFinder 算法和现有搜索引擎中方法的性能。

所有实验均在 Intel PC 机器上完成，采用为 1.83 Hz 双核处理器，2 GB内存，Windows Vista 操作系统。所有算法由基于 NLTK[106]（Natural Language Toolkit）工具，利用 Python 语言编写。NLTK 是 Python 模块的一部分，支持自然语言理解查找和开发。式(5-15)中的 ω 被设定为 0.5，两次迭代的最大差值 λ 被设定为 0.01%。

5.5.1　实验配置和数据集

数据收集过程与文献[114]提出的方法类似。本实验采用 Heritrix[115] 工具进行网页文本的抓取。设置 Heritrix 抓取.cn 和.com 域，设置抓取深度为 8 层，每台主机最多抓取 500 篇网页。只收集两种类型的新闻报道：金融类和IT 类。最后获取的数据来自 1 000 多个主机的 7 000 多张网页。网页以 WARC/0.9 格式存储，该格式每张网页作为一条记录，包括一条包含网页 URL 地址长度和其他媒介信息的空白文件头，和来自 Web 服务器上的反馈信息，其中包括 HTTP 头。根据网页中采用的语言将数据集分为两部分。在去除新闻报道的噪音后，数据集包含由许多在线金融和 IT 类新闻发布者提供的新闻报道。本数据集包含 4 476 篇新闻报道，1 210 条新闻事件。平均每条新闻约由 3.7 篇不同新闻报道提供。

5.5.2 信任证据挖掘算法评估

基于信息检索的相关评估方法[116]，本小节使用三种指标衡量信任证据挖掘算法的有效性：错误率、召回率和精确率。

本实验比较的方法有两种：一种是基于命名实体的（Basic-NE），一种是基于 Word-Sim。对于前者，给定一些新闻报道，它返回一系列包含新闻报道中出现的命名实体的证据，不考虑文本结构。Word-Sim 使用向量空间模型（VSM）作为计算内容相似度的一种近似方法。为了评估该方法的准确率，使用十字交叉验证法。十字交叉验证法将待评估数据集随机分成规模相等的 10 份，并执行 10 次训练、测试步骤，每次使用 9 份来训练分类器，剩余 1 份作为来测试训练器的效率。

实验结果如表 5-3 和表 5-4 所示。从实验结果上可以看出，本书提出的方法在所有的评测标准下均优于其他方法，表明了本书提出的信任证据挖掘方法的有效性。

表 5-3　在线金融类新闻报道的证据发现评估结果

Baseline	金　融　类			
	错　误　率	召　回　率	精　确　率	F　值
D-Tree	**18%**	**0.807**	**0.866**	**0.835**
Basic-NE	24%	0.627	0.728	0.674
word-Sim	37%	0.734	0.723	0.728

表 5-4　在线 IT 类新闻报道的证据发现评估结果

Baseline	IT　类			
	错　误　率	召　回　率	精　确　率	F　值
D-Tree	**17%**	**0.882**	**0.861**	**0.871**
Basic-NE	22%	0.745	0.756	0.750
word-Sim	34%	0.722	0.726	0.724

5.5.3　TrustNewsFinder 算法的有效性评估分析

如上所述,TrustNewsFinder 算法将执行多次迭代寻找关于每一个新闻事件的新闻报道。为了测试其准确性,首先随机选取了 80 个新闻事件,并人工寻找到与这些事件相关的新闻报道和信任证据。用人物、时间、地点、相关数字等作为标准证据(基于命名实体的方法)。通过阅读相关的新闻报道人工寻找到该事件的真实证据。

通过比较 TrustNewsFinder 找到的证据集合和定义的标准证据来计算精确率。例如,对于一条新闻,假设标准证据含有 x 个,TrustNewsFinder 找到 y 个,其中有 z 个属于标准证据。则 TrustNewsFinder 的精确率定义为 $z/max(x,y)$。图 5-8 展示了 TrustNewsFinder 和 Voting 的精确率。

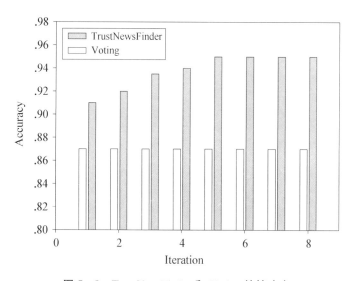

图 5-8　TrustNewsFinder 和 Voting 的精确率

可以看出,即使是在第一次迭代,所有的新闻报道都被设定为相同可信值的时候,TrustNewsFinder 仍然比基于投票的方法精确率高很多。这是因为 TrustNewsFinder 考虑了关于同一个新闻事件的不同证据之间的关联性，而投票则没有考虑。随着 TrustNewsFinder 反复计算新闻报道的可信性和证据的真实性，在第三次迭代后其精确率达到 95%，之后保持稳定。TrustNewsFinder 花费 12.73 秒预先计算证据间的相关性，6.43 秒完成了四次迭代，基于投票的方法则花费 0.87 秒。图 5-9 显示了每次迭代后可信向量的相关变化，这个变化是由 1 减去新旧向量 *cosine* 值得到的。可以看到，TrustNewsFinder 以一个稳定的速度收敛。

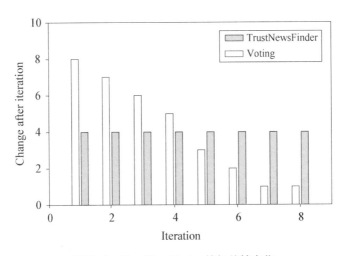

图 5-9　TrustNewsFinder 的相关性变化

5.5.4　信息质量统计分析

本节评估基于信息质量标准计算新闻报道可信性方法的有效性。表 5-5 总结了实验中采用的质量标准的提高效率。表格按照提高度大小排序。"是否重要"一栏表示该质量标准的提高程度是否是重要的。"+"可信性评估工作同时使用了信息质量和评测标准。例如，+实时性表示在评估时同时使用了信息质量和实时性评测标准。这意味着精确性一栏是综合考虑了实时性、可用性、信息-噪声比率和一致性等评测标准得到的。

表 5‒5 可信性评估中信息质量的效率

条　　件	精确度	提高程度	是否重要
基准量	0.743	—	—
＋实时性	0.765	5.0％	否
＋普遍性	0.768	5.6％	否
＋权威性	0.783	9.0％	是
＋可用性	0.785	9.5％	是
＋一致性	0.790	10.6％	是
＋信息-噪声比率	0.808	14.7％	是
＋所有评测标准	0.833	20.3％	是
＋实时性＋可用性＋一致性＋信息-噪声比率	0.853	24.8％	是

从上表中也可以看出,考虑其中四个比较重要的质量标准(实时性、可用性、信息-噪声比率和一致性)比综合考虑所有的质量标准其效率都要高。也就是说,考虑那些不重要的质量标准会增加系统的干扰。值得注意的是,考虑四个重要的质量标准和综合考虑所有的质量标准比只考虑其中一个标准会更好地提高系统效率。考虑信息-噪声时的系统效率比考虑这四个最重要的质量标准时并没有很大不同,说明信息-噪声比率在提高新闻报道可信性评估准确率中非常重要。

5.6 本 章 小 结

本章提出了一个基于信任证据的文本真实性问题,研究如何从大量相互冲突矛盾的信息中找到真实的事件描述。利用文本之间的关系和事件信息,提出了一种基于信任证据的文本可信性评估算法(TrustNewsFinder)。该算法利用了多源求证理论,即如果一篇文本提供许多真实的证据,那么,它极可能是可信的;如果多个可信的文本提供同一个证据,那么,这个证据极可能是真实的。实验表明,TrustNewsFinder 能在诸多相互冲突的信息中更容易发现真实的文本信息,为在线文本可信性的评估提供了一个较好的方法。

第6章

基于 Bayesian 网络的内容信任统一框架

本书在第 3、4、5 章分别就文本信任属性,信任事实和信任证据做了较为深入的研究。事实上,研究认为这些多维信任特征是可以统一起来使用,来综合评估文本内容的可信性的。本章利用 Bayesian 网络完成多维信任特征的统一建模,较好地综合了前面各章的研究成果。

6.1 内容信任统一框架的必要性

本书第 3、4、5 章分别就文本中蕴含的三类信任特征的发现获取和利用它们进行文本可信性评估做了深入研究。这三类信任特征分别从词汇语义层,句内语义层和句间语义层上对文本的信任语义进行了表达。但是他们也不可避免存在如下不足的地方:三类特征只是分别从各自的角度对文本内容的信任语义进行获取,其使用范围较为有限;由于只是从某一角度进行评估,因此对文本可信性的度量不一定十分准确;很难满足用户对信任方面的不同需求。

那么,是否可以把它们统一利用起来,从而能更加准确全面地评估出文本的可信性呢? 答案是肯定的。虽然我们采用了三种不同的信任特征分别对文本内容的可信性进行了评估,但是,我们采用的这三类信任特征均是基于自然语言分析的基础上,表达的是文本内容的信任语义,因此,完全可以围绕文本内容这个对象建立一个统一的内容信任模型。该模型可以单独利用这三类信任特征,或者综合使用这三类信任特征,具有非常高的灵活性。

结合人工智能中的知识表示和自然语言理解中相关理论,本书选用Bayesian 网络对内容信任进行统一建模。具体过程见后面小节。

分析发现,将这三类信任特征统一起来对文本内容的可信性进行表示至少存在如下好处:

(1) 综合利用了三类不同的信任特征,较为全面地反映了文本中蕴含的信任语义;

(2) 综合利用三类信任特征,可以较好地完成对文本可信性的评估,其最后的评估结果更加准确;

(3) 可以利用统一模型表达不同类型的文档,针对不同方面对文本内容进行可信性评估,较好地满足了用户的不同需求。

本章下面各小节分别从不同角度具体描述统一内容信任模型,并最后给出一个具体的应用示范。

6.2 多维信任因素的贝叶斯网络表示和形式化

6.2.1 贝叶斯网络的概念和表示

在不确定性推理中,贝叶斯网属于一种基于模型的内涵方法,相对于基于规则的外延方法,其优点是语义清晰,缺点是计算复杂[117]。简单来讲,它提供了特定领域知识的一种模型表示以及基于这种模型的若干种学习和推理机制,用于建立模型并回答与这些领域知识相关的询问,并在此基础上进行辅助的预测、决策以及分析。

贝叶斯网，又称为 Bayesian Belief Networks(BBN)，Belief Networks (BN)，Causal Networks(CN)，Probabilistic Networks(PN)等，是用来表示变量间连接概率的图形模式，它是一个有向无环图，它提供了一种自然的表示因果信息的方法，用来发现数据间的潜在关系。在这个网络中，用节点表示变量，有向边表示变量间的依赖关系。可用自然语言从模型构造的角度描述贝叶斯网如下：按照各个事件之间的因果关系(部分序关系)，给定一组事件 $\{x_1, x_2, \cdots, x_n\}$，表示该事件集的联合概率分布如下：

$$P(x_1, x_2, \cdots, x_n) = \prod_{i=1}^{n} p(x_i \mid u_i) \qquad (6-1)$$

其中，$u_i \subseteq \{x_1, x_2, \cdots, x_i\}$ 表示事件 x_i 的所有原因事件集。

(1) 用节点表示事件，弧表示直接因果关系(从原因事件指向结果事件)，构造一个有向无环图 G。

(2) 对于每一个事件(即节点)X_i，以二维表的形式表示条件概率分布 $P(X_i|U_i)$，称为条件概率表，记为 CPT。

这样的一个图 G 和 n 个条件概率表 CPT 就构成了贝叶斯网络，可记为 $BN = (G, \{CPT\})$。上文中的 X_i 是一个事件，在有向无环图中表示为一个节点，同时又对应于概率论中的随机变量。由式(6-1)可见，$\{CPT\}$ 实际上对应一个联合概率分布 $P(x_1, x_2, \cdots, x_n)$，因此，有时也将贝叶斯网表示成 (G, P)。已经证明，在普通贝叶斯网上的推理问题是一个 NP 难问题[118]。但在实际应用中，根据贝叶斯网的结构特点，仍然可以设计出有效的推理算法。

应用贝叶斯网络建立统一内容信任模型具有如下的优势：贝叶斯网络方法有坚实的理论基础；贝叶斯网络有成熟的概率推理算法和开发软件；贝叶斯网络更适合于内容信任模型；贝叶斯网络具有很强的学习能力。

6.2.2　多维信任特征的 Bayesian 网络构建过程

将多维信任特征构建到 Bayesian 网络中，本书采用结构化系统开发方法,将建模流程分为三个阶段:问题分析阶段、模型设计阶段与模型测试阶段,每个阶段进行若干活动,完成各自的任务,最终形成符合要求的模型。

(1) 问题分析阶段

问题分析是建模前必须的准备工作,运用一定的方法对问题进行分析和理解,明确建模目标和用户需求,并在充分认识目标问题的基础上,确定建模方案。归结到内容信任上,则包括:

(a) 内容信任需求分析;

(b) 论证文本内容信任的可行性和制定初步计划;

(c) 内容信任问题详细分析与分解。

(2) 内容信任模型设计阶段

问题分析之后,开始进入 Bayesian 内容信任的设计阶段,包括:

(a) 多维信任特征的选取和确定;

(b) 确定文本内容的结构(即 Bayesian 网的结构);

(c) 确定信任特征的信任度(包括文本信任属性,信任事实和信任证据)。

(3) 内容信任模型测试阶段

为了保证模型的正确性,要进行测试工作。如果测试结果不理想,则回过头对 Bayesian 网进行修正,如此反复进行,直到获得满意的结果为止。包括:

(a) 文本内容表示结构的检查(即网络结构的正确性检查)

由未介入该模型设计工作的内容信任专家来检查 Bayesian 网的正确性。从总体上浏览网络结构,检查信任特征、信任特征的取值是否合理,网络结构是否有明显不合理的地方,查看网络中有没有环路等。

(b) 信任特征的信任度正确性检查

信任特征的信任度获取可能会有很大的误差,所以必须认真检查其正确性。

(c) 案例测试

使用已有的文本进行可信性评估测试。案例文本中已知的条件作为证据输入网络,进行概率推理,将推理后的结果与已知的结果比较,看是否符合或接近。

　　基于 Bayesian 网络的建立过程,本书在下一小节具体讨论基于 Bayesian 网络的内容信任模型的建立。整个建模过程如图 6 - 1 所示。

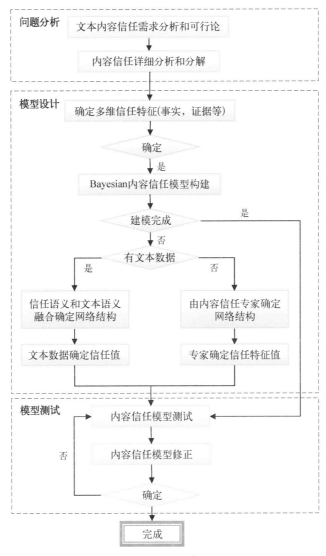

图 6 - 1　Bayesian 网络构建过程

6.2.3 基于朴素 Bayesian 网络的内容信任模型

利用 Bayesian 网络进行内容信任的统一建模,最简单的网络模型就是所谓的朴素 Bayesian 网络。如图 6-2 所示。

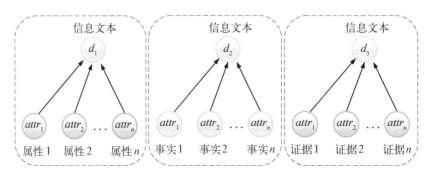

图 6-2 基于朴素 Bayesian 网络的内容信任模型

可以根据需要分别利用文本信任属性,信任事实,信任证据或者是它们的组合对信息文本的内容信任进行建模。在基于朴素 Bayesian 网络的内容信任模型中,其根节点是信息文本的整体,然后用信任属性,信任事实或信任证据作为 Bayesian 网络的证据节点,这种方法虽然简单,但存在的不足是不能细致地刻画文档结构,同时只能把相应的多维信任特征对应到整篇文档上。为此,本书提出了一种基于超树结构的 Bayesian 内容信任模型。

6.2.4 基于超树的 Bayesian 内容信任模型

基于朴素 Bayesian 网络的内容信任模型的最大缺点是没有考虑文本的结构和与之对应的多维信任特征关系。本小节在上一节的基础上进行扩展,提出了一个基于超树结构的 Bayesian 内容信任模型。超树是一个有向图 G 如果满足:其对应的无向图中每一对节点之间至多只有一条路径。

如图 6 - 3 所示的上半部是一个典型的超树,该超树结构由文档的内容和多维信任特征组成,上半部分可以是文档中的标题、段落、句子甚至是整个整个文档本身;而该图的下半部由各种信任特征组成,包括前面讨论过的文本信任属性,信任事实和信任证据。

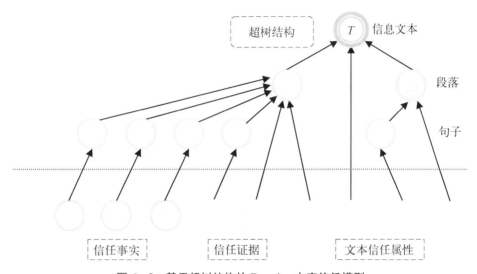

图 6 - 3　基于超树结构的 Bayesian 内容信任模型

该模型的结构构建过程如下:将信息文档进行 XML 转换,然后将转换后的 XML 文档用文档对象模型(DOM 模型)进行表示,最后将信任属性和对应的文档部分相连接即可。

对于概率部分,则考虑文本元素位置,语言相似度以及多维信任特征值本身。对于文本整体部分,分配给标题、首段、尾段、首句、尾句等关键元素较高的数值,其他部分可以平均分配;对于多维信任特征和文本之间的条件概率,采用该特征与所在的文本元素之间的相似度;对于多维信任特征本身,采用正则化方法将其值映射到[0,1]之间的一个值,需要注意的是,信任事实本身就是一个 0~1 之间的一个值,因此无需正则化。

6.3　Bayesian 内容信任模型的可信度推理算法

上一小节构建了一种基于树结构的 Bayesian 内容信任模型,因此就可以在该模型下进行文本的可信性评估了,即根据各种文本信任属性,信任事实和信任证据节点在 Bayesian 网络中的位置和取值,进行文本可信度的推理。本小节讨论根据构建 Bayesian 网络的拓扑特点,提出了一种基于连接树的可信度推理算法。

基于连接树的可信度精确推理算法

整个文本可信性的计算推理就是当网络中部分节点(变量)的取值已知时,更新其他节点的概率分布。称取值已知的节点为证据节点 E,取值未知的节点为查询节点 Q。

基于连接树(Junetion Tree,或 Join Tree,Clique Tree)的推理方法首先合并相关节点,生成连接树,然后在连接树上用消息传播的方法进行推理。

● 将贝叶斯网转换为连接树

首先将 Bayesian 网络转换成连接树,过程分为下面三步:

(1) 设贝叶斯网为 G_B,构造一个无向图 GM 与贝叶斯网 G_B 对应的图 G_M 包含 G_B 中的所有节点,并按照以下规则生成:

(a) 若在 G_B 中存在边 $X \rightarrow Y$,则在 G_M 中连接 X 与 Y。

(b) 对 G_B 中任一节点 A,在 G_M 中用无向边将 A 的父节点两两互连。

(2) 将图 GM 三角化(triangulated),成为三角化图。

称一个无向图是三角化的,如果图中任一长度大于 3 的回路中至少包含一条弦。弦(chord)是附在一条路径(或回路)中的一条边,这条边不在路径(或回路)上,但是连接了该路径(或回路)中的两个节点。

将一个 GM 图三角化后,接下来可以定义节点簇(Cliuqe)。无向图 G 中的一个节点簇是 G 的一个极大完全子图。其中极大完全子图指的是不再被其他完全子图包含的完全子图[119]。

(3) 从节点簇生成连接树

得到节点簇之后,可以从中生成连接树,连接树 T 满足以下属性:

(a) T 中的每个节点对应一个节点簇;

(b) T 中的每条边标记为相邻两个节点簇的交集,称为边割集;

(c) 任意两个节点簇或边割集 $X, Y \in T$,X 到 Y 之间的路径上的其他节点簇和边割集都包含节点 $X \bigcap Y$。

● 基于连接树的消息传播

完成从贝叶斯网到连接树的结构转换之后,则可进行基于连接树的推理过程,分为下面三步:

(1) 初始化

对每个节点簇和边割集 X,定义 Φ_X,并赋初值 1。对贝叶斯网中的每一个节点 V 如果 $V \bigcup Par(V) \subseteq X$,则令 $\Phi_X = \Phi_X * P(V \mid Par(V))$。

(2) 消息传播

单个消息传播操作:假设节点簇 X 传递消息至相邻的节点簇 Y,中间经过边割集 R。则

$$\Phi_Y = \Phi_Y \times \frac{\sum\limits_{X \backslash R} \Phi_X}{\Phi_R} \tag{6-2}$$

对于有 n 个节点簇的连接树,需要进行 $2n(n-1)$ 次消息传播操作。操作过程如下:任选一个节点簇 X 作为根节点,同时进行聚集式传播和分布式传播。聚集式传播从离 X 最远的节点簇开始,向 X 传播;分布式传播从 X 开始,向两边传播直至最远的节点簇。经过消息传播后,得到一致的连

接树。

（3）计算边缘概率

例如 V 是贝叶斯网中的一个节点，可以由下式计算 $P(V)$：

$$P(V) = \sum_{X \setminus \{V\}} \Phi_X \qquad (6-3)$$

由此可以得到任意节点的边缘概率分布，如果存在证据节点 E，计算 $P\{H|e\}$ 的方法可以由上面的方法稍加改造而成。

实际上，连接树推理方法也是一个变量的消去过程，与变量消去法在本质上是一致的[120]。

6.4 应用示范：可信搜索引擎

本节综合前面各章节的研究成果，完成一个基于内容信任的新闻垂直搜索引擎。搜索引擎是互联网信息检索必不可少的工具，但基于关键字匹配技术的传统搜索引擎每次给用户返回众多的检索结果，其中部分是用户不想要的，例如"垃圾网页"，阻碍了人们准确获取网络知识。本书在网络信息检索中引入内容信任语义，应用基于内容的文本可信度评估方法，对网页文本进行内容信任评估和计算，根据内容可信度的大小，对检索结果进行重排序，大大提高了搜索结果的关联性和可信性。

在信息大爆炸的互联网时代，人们要从互联网这个庞大的资料库中检索到所需要的信息，搜索引擎是一个必不可少的工具。Google、Yahoo!、Baidu 等搜索引擎正在被用户广泛使用，它们都是基于关键字的搜索引擎，即在全文中通过关键字匹配，查找并返回所有包含查询关键字的网页集合。

然而，基于关键字的搜索引擎只关心网页信息内容是否含有查询关键字,并不考虑信息内容的语义,更不考虑内容表达的准确性及可信性。只要查询关键字在网页中出现了,则认为该网页满足查询请求。因此给定一组查询关键字,搜索引擎通常返回数以万计的搜索结果,好的和坏的结果混杂在一起,无法区别,其中有很大部分是用户不想要的结果,也就是"垃圾网页"。为了让用户能够快速和准确查找自己所需要的信息,Google 率先使用了 PageRank 算法[72],对互联网中的网页进行排序,让信息质量好的、重要的网页排在前面,而垃圾网页在最后面。然而 PageRank 是建立在对网页内容及其链接都信任的基础上,只要网页 A 有一个链接指向网页 B,则认为 A 对 B 的排名做了正面的贡献,而不管网页 A 是好的网页还是垃圾网页,因此,牟利者经常利用"Link farm"[75]欺骗 PageRank,制造许多垃圾网页指向某一网页,从而达到提高网页排名的目的。为了消除 PageRank 易于被人为操控的弱点,Hector 等提出了 TrustRank 算法[74],它先通过人工筛选一个质量好的种子网页集,然后根据互联网的链接结构发现其他质量好的网页,这种算法能够成功抵制许多试图通过欺骗的手段提高网页排名的行为。TrustRank 算法的推理基础是:如果一个网页是重要的、质量好,那么,它所链接的网页也是质量好的,它并没有真正对网页的文本内容进行质量评估。在 2006 年的国际互联网大会上,美国南加利福尼亚大学的 Gil[16]等人首次提出了 Web 资源内容信任的概念,列举了 19个影响内容信任度的因素,他们认为对 Web 内容信任度的计算可以转移到对这些影响因素的度量上,但遗憾的是,他们没有开展实际的文本信息内容可信评估工作。

由于文本信息中包含的"文本信任属性"[121]"信任事实"[122]和"信任证据"[123]直接反映了信息内容本身的可信性,本节将设计一种基于内容信任的可信新闻搜索引擎,计算新闻文本的内容可信度,根据内容可信度的大小,对检索结果进行重排序,从而为用户提供更准确和更值得信任的新闻搜索结果。

6.4.1 网页中纯文本的提取

在进行信息内容可信度评估时,只关心信息文档的内容,而不关心它的格式、存储媒介形式等,因此可以把各种信息文档形式(如 Web 网页、Word 文档、PDF 文档等)转换成纯 TXT 文档,只保留原有的信息正文,以便统一和简化处理。对于 Web 网页,它是半结构化的信息,它将多个主题层次性地组织和存储,网页具有以下两点结构特性:

(1)网页中各种标记之间的嵌套关系组成一棵关于网页层次结构的 DOM Tree,DOM Tree 的各个分支体现了网页的部分语义结构,但不能表达绝对准确的语义结构。

(2)网页通过空间和视觉暗示,告诉用户网页中隐含的语义结构,这些提示包括:不同语义块之间的空间间距;不同语义块之间明显的水平或垂直分割线;不同语义块之间不同的背景颜色;等等。

根据网页的这些特性,借鉴 VIPS[124](Visual-based Page Segmentation)技术对新闻网页进行分块,每个分块具有相对独立的主题,其中有一个分块包含了新闻标题及其正文,它是想要提取的内容。对于一张较为规范的新闻网页,它的<Title>标签中通常包含该篇新闻的标题,因此可以利用该标题作为一个重要的启发式信息,另外加入一些辅助启发式信息,在不同主题的多个分块中找到包含有新闻信息文本的那个分块。最后去除新闻信息文本块中的一些网页标签,就可以提取出纯新闻信息文本。

6.4.2 可信新闻搜索引擎的设计

基于内容信任的搜索设计原理可以适用于任何搜索引擎,能够应用于整个互联网的信息检索。

本书为了简化和清楚地描述搜索原理和方法,选择典型的可信新闻搜索引擎开展设计,这主要出于对以下两点的考虑:

（1）可信搜索引擎需要提取网页的正文内容并对其进行信任评估，然而网页的多样性，使得网页内容的提取工作十分困难。对于某一特定类的网页，如新闻类网页，它在排版和风格上有自己的一些特点和规律，利用这些可以降低网页信息内容提取的难度。

（2）现在有些公司开放了他们新闻搜索引擎 API，例如 Google 和 Yahoo!。当向 API 发送查询关键字后，API 会返回一系列的新闻搜索的原始结果，这样可以不需要自己创建并维护一个关于新闻网页的索引库。

图 6-4 描述了内容信任新闻搜索引擎的总体设计。它由三个大模块组成，分别是：传统搜索结果获取，网页文本内容提取和基于信任度的网页重排序。由于在上文中详细介绍了两种文本信任度的评估方和网页中新闻文本的提取方法，接下来只叙述通过新闻搜索 API 接口获取传统搜索结果以及可信新闻搜索引擎的实现算法。

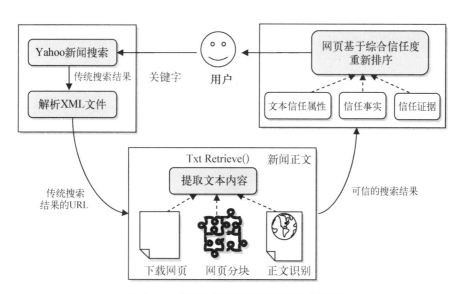

图 6-4　内容信任新闻搜索引擎组成框图

通过向 Yahoo News Search API[125] 发送一条包含查询关键字的请求，可以得到 API 返回的一个 XML 文件，其中包含一系列未考虑内容安全性的传统搜索结果。XML 文件包含的部分域及其描述在下面的表 6-1 中列出。

表 6-1　XML 包含的部分域及其描述

属性	描　　　　述
ResultSet	Contains all of the query responses. Has attributes： ● totalResultsAvailable：The number of query matches in the database. ● totalResultsReturned：The number of query matches returned. This may be lower than the number of results requested if there were fewer total results available. ● firstResultPosition：The position of the first result in the overall search.
Result	Contains each individual response.
Title	The title of the article.
Summary	Summary text associated with the article.
Url	The URL for the article.
…	…

一个 XML 文件包含一个 ResultSet 域及若干个 Result 域,ResultSet 描述关于整个搜索结果集的属性信息,每个 Result 域代表一个独立的搜索结果,在 Result 域下又包含了若干个搜索结果的属性域,如搜索结果的标题、URL 等。通过解析 XML 文件,可以得到传统搜索结果的 URL,这将帮助获取该结果网页的内容,进行下一步的新闻内容提取。

6.4.3　可信新闻搜索引擎的核心算法

该算法引用了前面介绍的算法：首先,由传统新闻搜索引擎返回一个搜索结果集(结果集由若干个新闻网页组成)；接着,依次处理结果集中的每个新闻网页,给定一个新闻网页,用纯文本提取算法 Txt-Retrieve 提取网页中的新闻文本；然后,通过基于事实的文本信任度算法 Txt_Trust_Degree_By_Fact 和基于文本属性的文本可信度算法 Txt_Trust_Degree_

By_Text_Property 计算文本的综合可信度；最后用快速排序方法将搜索结果按照综合可信度从高到低重新排序。具体算法如下：

算法 6.1 基于内容信任的可信新闻搜索引擎的设计算法

　　输入：关键字 terms；

　　输出：可信的搜索结果集 RS

Trust_News_Search_Engine(terms)

RS＝Φ

xml_file←Yahoo_News_Search(terms)；

URL←extract_urls_from_xml(xml_file)；//URL＝$\{u_1, u_2, \cdots, u_n\}$

for all u∈URL do

　　(text，title)←Txt-Retrieve(u)；

　　P_T＝Txt_Trust_Degree_By_Fact(text)；

　　D_T←Txt_Trust_Degree_By_Text_Property(web，text，title，com_words

[ ])

　　C_T←αP_T＋(1－α)D_T

　　RS=RS∪(u，C_T)

　　RS←rapid_sort(RS)；

　　return RS

6.4.4　可信搜索引擎实例分析

　　以"中国上半年经济发展和居民收入情况"为关键字，从 Yahoo News API 得到 53 条返回结果，并计算每条结果的综合可信度如表 6－2 所示。

表 6－2　原始搜索结果及其综合可信度

序号	网　　　址	标　　题	内　　　容	综合可信度
1	http://biz. cn. yahoo. com/08－07－/36/r7zf. html	统计局公布上半年经济数据	…上半年，城镇居民人均可支配收入 8 065 元，同比增长 14.4%，扣除价格因素，实际增长…	0.721
2	http://www. chinafn. com. cn/info/617835. html	中央高层经济考察路线图	…外汇储备余额 18 088 亿美元 35.7 城镇居民人均可支配收入 8 065 元…	0.687

续 表

序号	网 址	标 题	内 容	综合可信度
3	http://www.funuo.com/news/view.asp?id=487016	经济增速放缓盯紧宏调风向	…管理层看到的不只上半年宏观经济数据,还有居民收入增长放缓和银行存款增速加…	0.734
4	http://www.chinafn.com.cn/info/618765.html	天津上半年全市财政收入762.55亿元	…上半年,《天津滨海新区综合配套改革试验总体方案》获国务院批复…	0.669
5	http://biz.cn.yahoo.com/08-07-/16/r8r0.html	高位CPI拖慢居民实际收入增速	…上半年我国城乡居民收入的名义增长率和实际增长率之所以出现较大差距,主要是…	0.716
6	http://img.cfi.net.cn/newspage.aspx?id=20080718000201	下半年加息可能减弱	…如果下半年继续施行紧缩政策,则投资对于经济增长的贡献将继续减弱…	0.669
7	http://money.msn.hexun.com/2008-07-17/107511711.html	中国经济最大问题在哪里	…反映在华美国企业的呼声和对中国经济及各行各业的看法,为其会员企业提供投资…	0.665
8	http://www.stockcity.cn/CaiJin/guolei/200807/605029	统计局公布年中数据	…上半年我国城镇居民人均可支配收入和农村居民人均现金收入同比分别实际增长了…	0.836
9	http://biz.cn.yahoo.com/08-07-/36/r7yw.html	中国宏调成效明显经济运行三大特点	…但整个国民经济仍然继续保持了平稳较快运行,当前中国经济运行有三个特点…	0.802
10	http://money.msn.hexun.com/2008-07-19/107545173.html	彻底改革税制,根治经济过热	…现在我们财富向国家和企业的倾斜度过大,而居民收入的增长相应在缩小…	0.811
11	http://img.cfi.net.cn/p2008071800 1249.html	上半年:通胀缓解经济降温	…然而,上半年生产价格涨幅扩大,工业品出厂价格(PPI)同比上涨7.6…	0.815

续　表

序号	网　　址	标　题	内　　容	综合可信度
12	http://www.chinafn.com.cn/info/619114.html	从紧货币政策暂难改	…需要再次明确：市场，而不是政府，才是中国经济持续增长的动力之源…	0.764
…	……	……	……	…
26	http://realestate.cn.yahoo.com/0347/27kev.html	通胀压力仍居高不下	…朝着预期方向发展；结果来得十分不易；宏观调控成效明显。上半年，我国 GDP 增长…	0.818
27	http://img.cfi.net.cn/p20080716000140.html	上半年经济数据明揭晓	…上半年国内资本市场出现了惊人的跌幅，由此也影响到了居民的消费能力…	0.752
…	…	…	……	…
42	http://news.10jqka.com.cn/html/2008/07/21/2384.shtml	宏观经济数据中的隐忧	…经济产生正向推动作用，否则，就会对经济产生反向阻碍作用。例如，从居民层面看…	0.624
43	http://news.stockstar.com/info/darticle	中国贫富差距拉大	…无不愈来愈仰赖中国市场来带动成长——中国零售销售今年上半年同比增长21%…	0.695
44	http://auto.cnfol.com/080716/169,1691,4442485,00.shtml	福田汽车上半年产销平稳增长	…尤其是乘用车业务（SUV和蒙派克产品）由于小基数的原因，均在上半年出现较大增长…	0.621
45	http://finance.qq.com/a/20080722/000133.htm	政府有能力控制物价过快增长	…2008 年上半年，中国经济可以说经受了一场严峻的挑战和考验…	0.785
…	…	……	……	…

表 6-2 中的"序号"表示搜索结果的原始排序,但这种排序明显不符合综合可信度的排序,例如 id=26 的搜索结果的综合可信度为 0.818,远大于 id=7 的搜索结果的综合可信度,其综合可信度为 0.665。因此可信新闻搜索引擎按照综合可信度的高低对搜索结果重新排序,由于篇幅关系,这里只列出了综合可信度 TOP10 的搜索结果,如表 6-3 所示。

表 6-3 按照综合可信度重排序后的 TOP10 搜索结果

序号	网　址	标　题	内　容	综合可信度
1	http://www. stockcity. cn/CaiJin/ guolei/200807/605029	统计局公布年中数据	…上半年我国城镇居民人均可支配收入和农村居民人均现金收入同比分别实际增长了…	0.836
2	http://realestate. cn. yahoo. com/0347/ 27kev. html	通胀压力仍居高不下	…朝着预期方向发展;结果来得十分不易;宏观调控成效明显。上半年,我国 GDP 增长…	0.818
3	http://img. cfi. net. cn/ p20080718001249. html	上半年:通胀缓解经济降温	…然而,上半年生产价格涨幅扩大,工业品出厂价格(PPI)同比上涨 7.6…	0.815
4	http://money. msn. hexun. com/2008-07-19/107545173. html	彻底改革税制,根治经济过热	…现在我们财富向国家和企业的倾斜度过大,而居民收入的增长相应在缩小。…	0.811
5	http://biz. cn. yahoo. com/08-07-/36/ r7yw. html	中国宏调成效明显经济运行三大特点	…但整个国民经济仍然继续保持了平稳较快运行,当前中国经济运行有三个特点…	0.802
6	http://finance. qq. com/a/20080722/ 000133. htm	政府有能力控制物价过快增长	…2008 年上半年,中国经济可以说经受了一场严峻的挑战和考验。…	0.785
7	http://www. chinafn. com. cn/info/619114. html	从紧货币政策暂难改	…需要再次明确:市场,而不是政府,才是中国经济持续增长的动力之源…	0.764

续　表

序号	网　　址	标　题	内　　容	综合可信度
8	http://img. cfi. net. cn/p20080716000140. html	上半年经济数据明揭晓	…上半年国内资本市场出现了惊人的跌幅,由此也影响到了居民的消费能力…	0.752
9	http://www. funuo. com/news/view. asp?id=487016	经济增速放缓盯紧宏调风向	…管理层看到的不只上半年宏观经济数据,还有居民收入增长放缓和银行存款增速加…	0.734
10	http://biz. cn. yahoo. com/08 - 07 -/36/r7zf. html	统计局公布上半年经济数据	…上半年,城镇居民人均可支配收入 8 065 元,同比增长 14.4%,扣除价格因素,实际增长…	0.721

6.5　本　章　小　结

　　本章利用 Bayesian 网络完成多维信任特征的统一建模,较好地综合了前面各章的研究成果。提出了多维信任特征的统一 Bayesian 信任模型的构建和推理算法,并通过实验分析了该方法的有效性。

　　最后,本节在传统信息检索的基础上,提出了信任驱动的信息检索,应用基于信任事实和基于文本属性的文本可信度评估方法,对信息文本进行内容信任度评估,使得检索结果不仅满足传统信息检索的相关性要求,而且比传统检索更具安全性和可信性。

第 **7** 章

结论与展望

7.1　结　　论

互联网中多种服务形式的本质是信息交换,但海量信息来源广泛,良莠不齐,有益信息危害信息混杂一起,阻碍了互联网的发展。如何诊断信息内容是否可信,即解决"内容信任"问题,是一项紧迫而具有挑战性的工作。因此,本课题提出基于信息内容的文本可信性评估技术来解决该问题。该技术结合自然语言理解,语义 Web,文本挖掘以及信息检索等技术,帮助用户准确可靠地评估文本内容的可信性。针对信息文本中的不同对象,根据信息内容语义上的浅层次和深层次两个方面,分别提出了三类信任特征的概念:文本信任属性,信任事实和信任证据。其中,第一类表达了信息内容的浅层次语义信息,而后两类从不同侧面表达了信息内容的深层次语义信息。本书针对每个类别提出了一系列的信任语义的分析,信任特征的提取挖掘和相应的文本可信性评估算法并进行了体系化的理论研究工作。

本课题的研究提出了以下创新性的观点和理论。

1. 对信息内容中包含信任因素的潜在语义进行了分析。从广泛的社会信任现象中获得启示,提炼蕴涵在信息内容中的浅层次文本信任属性,以及信任事实和信任证据两类深层次信任特征，并给出形式化定义和表示。

2. 文本信任属性的提取及其序分类判别方法。根据信息内容的浅层次文字和形式，结合统计语言模型，提出了一种高效的，适用于大规模文本的文本信任属性提取方法；进一步研究了文本信任属性上的序分类理论，提出了基于文本信任属性的 Ranking 学习理论，并应用到不良信息检测中。

3. 信任事实的识别及其智能化度量方法。信息内容中包含的大量反映文本可信性的信任事实。基于有限自动机，提出了一种信任事实语句的识别算法；研究了不同类型的信任事实类型，利用识别出的信任事实，提出了一个基于 Web 智能的文本可信性评估算法；最后研究了信任事实的倾向性语义，提出了一个基于信任事实倾向性分析的文本过滤算法。

4. 信任证据的挖掘及其多源求证理论。分析了在线文本中反映文本可信性的信任证据，基于句法分析的依赖树提出了一个文本中信任证据的挖掘算法；研究了信任证据的多源求证理论，提出了一个基于该理论的信任证据多源求证计算模型，并应用到在线新闻的可信性评估中，通过试验证明了该方法的有效性。

5. 基于 Bayesian 网络的内容信任统一模型。研究了多维信任因素下的 Bayesian 网络表示和形式化方法，提出了统一 Bayesian 信任模型的构建和推理算法，根据相关试验证明了该统一模型的有效性。最后，设计了一个可信搜索引擎应用示范，说明了该方法的优越性。

这些理论贯穿了内容信任的三个主要方向。本课题研究的大量实验结果也表明提出的方法是可行有效的。

7.2　进一步工作的方向

本书的研究虽然取得了初步的成功，但依然任重道远，尚有许多有待进一步深入进行的研究工作。

目前，对于内容信任的研究还刚刚处于起步阶段，还有大量的理论研究和应用工作需要进一步进行。另外，论文所涉及的研究理论、算法等内容偏重于互联网环境下的信息检索和文本挖掘。在很多其他研究领域，包括自然语言理解、医疗卫生、社会舆情等，也包含很多不同类型的信息内容，可以考虑进一步在这些领域中进一步探讨相关的理论、算法及其应用等。

参考文献

［1］ Ntoulas A，Cho J，and Olston C. What's New on the Web? The Evolution of the Web from a Search Engine Perspective［C］//Proceedings of the Thirteenth WWW Conference，ACM，2004：1 - 12.

［2］ Gambetta D. Can We Trust Trust？［J］. Trust：Making and Breaking Cooperative Relations，2000，13：213 - 237.

［3］ Dasgupta P. Trust as a Commodity［J］. Trust：Making and Breaking Cooperative Relations，2000，4：49 - 72.

［4］ 张维迎. 信息、信任与法律［M］. 生活·读书·新知，三联书店，2003.

［5］ Hosrner L T. Trust：the Connection Link Between Organizational Theory and Philosophical Ethics［J］. Academy of Management Review，1995，20(2)：379 - 403.

［6］ Michael K，Markus H，et al. Oxytocin Increases Trust in Humans［J］. Nature，2005，435：673 - 676.

［7］ Brooks K-C，Damon T，et al. Getting to Know You：Reputation and Trust in a Two-Person Economic Exchange［J］. Science，2005，308：78 - 83.

［8］ The Oxford Modern English Dictionary［M］. Clarendon Press，USA，1992.

［9］ Abdul-Rahman A. A Framework for Decentralized Trust Reasoning［D］. Department of Computer Science，University College London，2004.

［10］ 唐文,胡建斌,陈钟.基于模糊逻辑的主观信任管理模型研究［J］.计算机研究与发展,2005,42(10)：1654－1659.

［11］ Resnick P，Zeckhauser R，et al．Reputation Systems［J］．Communications of the ACM，2000，43(12)：45－48．

［12］ Grandison T，Sloman M．A Survey of Trust in Internet Applications［J］．IEEE Communications Surveys & Tutorials，2000，3(4)：322－358．

［13］ Cornelli F．Choosing Reputable Events in a P2P Network［C］//Proceedings of the 11th International World Wide Web Conference，ACM，2002．

［14］ Cvrck D，Matya V．Evidence Processing and Privacy Issues in Evidence-based Reputation Systems［J］．Computer Standards & Interfaces，2005，27(3)：533－545．

［15］ Azzedin F，Maheswaran M．Evolving and Managing Trust in Grid Computing Systems［C］//Proceedings of the 2002 IEEE Canadian Conference on Electrical Computer Engineering，2002，3：1424－1429．

［16］ Gil Y，Artz D．Towards Content Trust of Web Resources［J］．Web Semantics：Science，Services，and Agents on the World Wide Web，2007,5(4)：227－239．

［17］ Corritore C L，Kracher B，Wiedenbeck S．On-line Trust：Concepts，Evolving Themes，A Model［J］．Int．J．Human-Computer Studies，2003，58(7)：737－758．

［18］ Liu P，Chetal A．Trust-Based Secure Information Sharing Between Federal Government Agencies［J］．J．of the American for Information Science and Technology，2005，56(3)：283－298．

［19］ Jiang Y C，Xia Z Y，Zhong Y P，Zhang S Y．Autonomous Trust Construction in Multi-agent Systems — a Graph Theory Methodology［J］．Advances in Engineering Software，2005，36(1)：59－66．

［20］ Wu I L，Chen J L．An extension of Trust and TAM model with TPB in the initial adoption of on-line tax：An empirical study［J］．Int．J．Human-Computer Studies，2005，62(4)：784－808．

[21] Abdul-Rahman A. A Framework for Decentralized Trust Reasoning. PhD thesis, Department of Computer Science, University College London, 2004.

[22] Jøsang A, Ismail R, Boyd C. A Survey of Trust and Reputation Systems for Online Service Provision[J]. Decision Support Systems, 2005.

[23] Mui L, Mohtashemi M, Halberstadt A. A computational model of trust and reputation[J]. In: 35th Annual Hawaii International Conference on System Sciences (HICSS'02), IEEE Computer Society, 2002.

[24] Blaze M, Feigenbaum J, Keromytis A D. KeyNote: Trust management for public-key infrastructures [J]. In: Security Protocols: 6th International Workshop, Cambridge, UK, April 1998, Proceedings. , Volume LNCS 1550/1998, Springer-Verlag, 1998: 59 – 63.

[25] Chu Y H, Feigenbaum J, LaMacchia B, et al. REFEREE: Trust management for Web applications[J]. Computer Networks and ISDN Systems 29, 1997: 953 – 964.

[26] Liu L, Xiong L. Building trust in decentralized peer-to-peer communities[C]. In Proceedings of the International Conference on Electronic Commerce Research, 2002.

[27] Kamvar S D, Schlosser M T, Garcia-Molina H. The Eigentrust algorithm for reputation management in p2p networks [C]. In Proceedings of the 12th International Conference on World Wide Web, ACM Press, 2003: 640 – 651.

[28] Song S, Hwang K, Kwok Y K. Trusted Grid Computing with Security Binding and Trust Integration[J]. Journal of Grid Computing (2005) Springer 2005.

[29] 窦文,王怀民,贾焰,邹鹏. 构造基于推荐的 Peer-to-Peer 环境下的 Trust 模型[J]. 软件学报,2004,15(4): 571 – 583.

[30] 徐锋,吕建,郑玮,曹春. 一个软件服务协同中信任评估模型的设计[J]. 软件学报,2003,14(6): 1043 – 1051.

[31] 林闯,彭雪海. 可信网络研究[J]. 计算机学报,2005,28(5): 751 – 758.

[32] 朱峻茂,杨寿保,樊建平,陈明宇. Grid 与 P2P 混合计算环境下基于推荐证据推

理的信任模型[J].计算机研究与发展,2005,42(5):797-803.

[33] 张骞,张霞,文学志,等.Peer-to-Peer 环境下多粒度 Trust 模型构造[J].软件学报,2006,17(1):96-107.

[34] 李建欣,怀进鹏,李先贤.自动信任协商研究[J].软件学报,2006,17(1):124-133.

[35] 张波,向阳.语义网中基于本体的语义信任计算研究[J].计算机应用,2008,8(2):267-271.

[36] 冯登国,卿斯汉.信息安全——核心理论与实践[M].北京:国防工业出版社,2000.

[37] 王怀民,唐扬斌,等.互联网软件的可信机理[J].中国科学 E 辑-信息科学,2006,36(10):1156-1169.

[38] 李景涛,荆一楠,等.基于相似度加权推荐的 P2P 环境下的信任模型[J].软件学报,2007,18(1):157-166.

[39] Anderson J P. Computer Security Technology Planning Study. Volume 2[R]. Anderson (James P) and Co Fort Washington PA 1972.

[40] 李军,孙玉方.计算机安全和安全模型[J].计算机研究与发展,1996,33(4):312-320.

[41] Marsh S. Formalising Trust as a Computational Concept [D]. University of Stirling, UK,1994.

[42] 陈钟,刘鹏,刘欣.可信计算概论[J].信息安全与通信保密,2003,11:17-20.

[43] Luhmann N. Trust and Power[M]. Wiley,1979.

[44] Trusted Computing Group, TCG Main Specification, Version 1. [EB/OL]. [2003]. http://www. Trustedcomputinggroup. org.

[45] Bizer C,Oldakowski R. Using Context-and Content-Based Trust Policies on the Semantic Web[C]. The Thirteenth International World Wide Web Conference (WWW 2004),2004.

[46] Hess C,Stein K,Schlieder C. Trust-enhanced visibility for personalized document recommendations[C]. Proceedings of the 2006 ACM symposium on

Applied computing (SAC'06)，2006.

[47] 谷华楠,曾国荪,等.基于信任素材的信息文档内容信任评估[J].计算机科学，2007,34(11A)：127－130.

[48] Sun M J，Zeng G S，et al. A Content Trust Oriented Spam Categorization Method Based on SVM[J].计算机科学，2007,34(11A)：149-151.

[49] 张泉,曾国荪,等.基于改进的模糊C-均值聚类的信任文摘[J].计算机研究与发展,2008(z1)：268－273.

[50] Wang W，Zeng G S，et al. Factoid Mining based Content Trust Model for Information Retrieval[C]//HPDMA-PAKDD 2007：492－499.

[51] Wang W，Guosun Zeng，Mingjun Sun，et al. EviRank：An Evidence Based Content Trust Model for Web Spam Detection，WebETrends-WAIM/APWeb 2007 Workshop，Huangshan，China，June 16－18，2007，LNCS，4537，299－307.

[52] Sako M. The role of Trust in Japanese Buyer Supplier Relationships[J]. Ricerche Economiche，1991，45(2－3)：449－474.

[53] Kramer R M. Trust and Distrust in Organizations：Emerging Perspectives，Enduring Questions[J]. Annual Reviews of Psychology 50，1999：569－598.

[54] McKnight D H，Norman L，Chervany N L. Conceptualizing Trust：A Typology and E-Commerce Customer Relationships Model[C]//Proceedings of the 34th Havaii International Conference on System Science (HICSS)，2001.

[55] Abdul-Rahman A，Stephen H. Using Recommendations for Managing Trust in Distributed Systems[C]//Proceedings of IEEE Malaysia International Conference on Communication 97 (MICC'97)，1997.

[56] Beth T，Borcherding M，Klein B. Valuation of Trust in Open Network[C]//Proceedings of the European Symposium on Research in Security (ESORICS)，Brighton：Springer-Verlag，1994：3－18.

[57] Golbeck J A. Computing and Applying Trust in Web-based Social Networks[D]. University of Maryland，2005.

[58] 唐文. 基于模糊集合理论的信任管理研究[D]. 北京大学, 2003.

[59] Grandison T，Sloman M. A Survey of Trust in Internet Applications[J]. IEEE Communications Surveys and Tutorials，2000(3)：2 - 16.

[60] Jøsang A，Ismail R，Boyd C. A Survey of Trust and Reputation Systems for Online Service Provision[J]. Decision Support Systems，2007,43(2)：618 - 644.

[61] Grandison T. Trust Management for InternetApplications[D]. University of London，2003.

[62] Project "How much information?" Internet Summary[EB/OL]. [2000 - 7]. http：//www. sims. berkeley. edu/research/projects/how-much-info/internet. html.

[63] Bright Planet LLC. The Deep Web：Surfacing Hidden Value[EB/OL]. [2000 - 7]. http：//www. brightplanet. com/deepcontent/tutorials/DeepWeb/index. asp.

[64] Robert Hobbes'Zakon. Hobbes'Internet Timeline[EB/OL]. http：//www. zakon. org/robert/internet/timeline/.

[65] Salton G，McGill M J. Introduction to Modem Information Retrieval[M]. New York：McGraw-Hill，1983.

[66] Sako M. The role of Trust in Japanese Buyer Supplier Relationships[J]. Ricerche Economiche，1991，45(2 - 3)：449 - 474.

[67] Fetterly D，Manasse M，Najork M. Spam，Damn Spam，and Statistics：Using statistical analysis to locate spam web pages. In 7th International Workshop on the Web and Databases，2004.

[68] Ntoulas A，Najork M，Manasse M，et al. Detecting Spam Web Pages through Content Analysis[C]//Proceedings of WWW 2006，2006.

[69] Gyongyi Z，Garcia-Molina H. Web Spam Taxonomy[C]//1st International Workshop on Adversarial Information Retrieval on the Web，2005.

[70] Henzinger M，Motwani R，Silverstein C. Challenges in Web Search Engines [C]//Proceedings of SIGIR Forum 36(2)，2002.

[71] Rijsbergen V. Information Retrieval[M]. London：Butter-Worths，1979.

[72] Page L，Brin S，et al. The PageRank citation ranking：bringing order to the Web

［R］. Stanford InfoLab，1999.

[73] Kleinberg J M. Authoritative Sources in a Hyperlinked environment［J］. Journal of the ACM，1999，46(5)：604－632.

[74] Gyongyi Z，Garcia-Molina H，et al. Combating Web Spam with TrustRank ［C］//Proc of International Conference on Very Large Data Bases（VLDB 04），2004.

[75] Wu B，Davison B D. Identifying Link Farm Spam Pages［C］//Proc of the 14th International Conference on World Wide Web（WWW 05），ACM Press，2005.

[76] Benczur A，Csalognany K，Sarlos T，et al，SpamRank：Fully Automatic Link Spam Detection［C］//Proc of the 1st AIRWeb，2005.

[77] Shen G Y，Gao B，Liu T Y，et al. Detecting Link Spam Using Temporal Information［C］//Proc of ICDM 2006，2006.

[78] Ntoulas A，Najork M，Manasse M，et al. Detecting Spam Web pages through Content Analysis［C］//Proceedings of WWW 2006，2006.

[79] Ferrterly D，Manasse M，Najork M. Detecting Phrase-Level Duplication on the World Wide Web［C］//28th Annual International ACM SIGIR Conference on Research and Development in Information Retrieval，Aug，2005.

[80] GZIP［EB/OL］. http://www. gzip. org/.

[81] Ishikawa Y，Subramanya R，Faloutsos C. MindReader：Query databases through multiple examples. ［C］//Ashish G，Oded S，Jennifer W，eds. Proc. of the 24th VLDB Conf. New York：Morgan Kaufmann Publishers，1998，218－227.

[82] Song S，Hwang K，Kwok Y K. Trusted Grid Computing with Security Binding and Trust Integration［J］. Journal of Grid Computing，2005，1(3).

[83] Roberts F. Measurement Theory［M］. Addison Wesley，1979. 101－111.

[84] 王珏，周志华. 机器学习［M］. 北京：清华大学出版社，2006.

[85] Herbrich R，Graepel T，Obermayer K. Large Margin Rank Boundaries for Ordinal Regression［J］. Advances in Large Margin Classifiers，2000，115－132.

［86］ Herbrich R，Graepel T，Obermayer K. Support vector learning for ordinal regression［C］//Proc. of the 9th Int'l Conf. on Articial Neural Networks，1999，97‒102.

［87］ 吴洪,卢汉清,马颂德.基于内容图像检索中的顺序回归问题［J］.软件学报，2004,15(9)：1336‒1344.

［88］ Yao Y Y. Measuring retrieval effectiveness based on user preference of documents［J］. Journal of the American Society for Information Science，1995，46(2)：133‒145.

［89］ Yin X X，Han J W，Yu P S. Truth Discovery with Multiple Conflicting Information Providers on the Web［C］//13th Int'l. Conf. on Knowledge Discovery and Data Mining (KDD'07)，2007.

［90］ Provost F J，Domingos P. Tree Induction for Probability-Based Ranking［J］. Ma-chine Learning，2003，52(3)：199‒215.

［91］ Zhang H，Su J. Naïve Bayesian classifiers for Ranking［C］//Proceedings of the 15th European Conference on Machine Learning (ECML2004)，2004.

［92］ Witten I H，Frank E. Data Mining-Practical Machine Learning Tools and Techniques with Java Implementation［M］. Morgan Kaufmann，2007.

［93］ Provost F，Fawcett T. Analysis and visualization of classifier performance：comparison under imprecise class and cost distribution［C］//Proceedings of the Third International Conference on Knowledge Discovery and Data Mining，AAAI Press，1997，43‒48.

［94］ Freund Y，Schapire R E. A Decision-theoretic Generalization of On-line Learning and an Application to Boosting［C］//In European Conference on Computational Learning Theory，1995.

［95］ 赵军，黄昌宁.汉语基本名词短语结构分析模型［J］.计算机学报，1999，22(2)：141‒146.

［96］ 张瑞霞,张蕾.基于知识图的汉语基本名词短语分析模型［J］.中文信息学报，2004,18(3)：47‒53.

［97］ Fine S，Singer Y，Tishby N. The hierarchical Hidden Markov Model：analysis and applications［J］. Machine Learning，1998，32(1)：41－62.

［98］ 刘群,张华平,俞鸿魁,程学旗.基于层叠隐马模型的汉语词法分析[J].计算机研究与发展,2004,41(8):1421－1429.

［99］ Wang W，Zeng G S，et al. Factoid Mining based Content Trust Model for Information Retrieval［C］//Proceedings of the 2007 International Workshop on High Performance Data Mining and Application，2007，LNAI，4819，492－499.

［100］ 王玲.简论搜索引擎及其应用技巧[J].图书馆论坛,2005,25(2):115－118.

［101］ 黄传新,吴兆雪,叶政.科学发展观是构建和谐社会的行动指南[N].人民日报,2007－11－28(09),2007.

［102］ Borodin A，Roberts G，Rosenthal J，Tsaparas P. Link analysis ranking：Algorithms，theory，and experiments［J］. ACM Transactions on Internet Technology，2005，5(1)：231－297.

［103］ Google News Homepage［EB/OL］.［2008］. http://news. google. com.

［104］ Yahoo! News Homepage［EB/OL］.［2008］. http://news. yahoo. com.

［105］ Kovach B，Rosenstiel T. The Elements of Journalism：What Newspeople Should Know and the Public Should Expect（Rev Upd edition）［M］. Three Rivers Press，2007.

［106］ Natural Language Toolkit［EB/OL］. http://nltk. sourceforge. net/index. php.

［107］ Wayne C L. Topic Detection & Tracking：A Case Study in Corpus Creation & Evaluation Methodologies［C］//Proceedings of the LREC，1998.

［108］ Punyakanok V，et al. Natural Language Inference via Dependency Tree Mapping：An Application to Question Answering［R］. University of Illinois at Urbana-Champaign，Computer Science Department，2004.

［109］ CRG. Information Quality Survey：Administrator's Guide［J］. Cambridge Research Group，Cambridge，MA，1997.

［110］ ZDNet［EB/OL］.［1999］. http://www. zdnet. com/yil.

［111］ Alta Vista［EB/OL］.［1999］. http://www. altavista. com.

[112] Zhu X，Gauch S，Gerhard L，et al. Ontology-Based Web Site Mapping for Information Exploration［C］//Proceedings of the 8th ACM Conference on Information and Knowledge Management，2003.

[113] Gauch S，Wang J，Rachakonda S M. A corpus analysis approach for automatic query expansion and its extension to multiple databases[J]. ACM Transactions on Information Systems，17(3)：250－269，1999.

[114] Castillo C，Donato D，Becchett L，et al. A Reference Collection for Web Spam ［C］//ACM SIGIR Forum，2006，40(2)，11－24.

[115] Heritrix Homepage：http://crawler. archive. org/

[116] Xu J，Cao Y B，Li H，et al. Ranking Definitions with Supervised Learning Methods［C］//Proceedings of the 14th International World Wide Web Conference，2005.

[117] 林士敏,田凤占,陆玉昌.贝叶斯网的建造及其在数据采掘中的应用[J].清华大学学报(自然科学版),2001,42(1)：49－52.

[118] Heckerman D，Breese J，Rommelse K. Decision theoretic troubleshooting［J］. Communication of the ACM，1995，38(3)：49－57.

[119] Huang C，Darwiche A. Inference in Belief Networks：A Procedural Guide[J]. International Journal of Approximate Reasoning，1996，225－263.

[120] Skaanning C，Jensen F V. Printer Troubleshooting Using Bayesian Networks ［J］. Industrial and Engineering Application of Artificial Intelligence and Expert Systems，New Orleans，USA，2000.

[121] 毛雪云,曾国荪,王伟.一种基于向量空间模型的网页文本可信性分类方法[J].计算机工程与应用,2008,44(25)：109－112.

[122] 张东启,曾国荪,王伟.基于信任事实的信息文本信任度评估[J].计算机科学,2008,35(8A)：202－205.

[123] Wang W，Zeng G S，Zhang D Q，et al. An evidence based iterative content trust algorithm for the credibility of online news［J］. Concurrency and Computation：Practice and Experience，2009,21(15)：1857－1881.

［124］ Cai D，Yu S，Wen J R，Ma W Y. VIPS：a vision-based page segmentation algorithm［EB/OL］. http：//research. microsoft. com/users/jrwen/jrwen_files/ publications/VIPS_Technical％20Report. PDF.

［125］ Yahoo. News Search Documentation for Yahoo［EB/OL］. http：//developer. yahoo. com/search/news/V1/newsSearch. html

后 记

逾尺的札记和研究纪录凝聚成这么薄薄的一本,高兴和欣慰之余,不禁感慨系之。记得鲁迅在一篇文章里写道:"人类的奋战前行的历史,正如煤的形成,当时用大量的木材,结果却只是一小块"。倘若这一小块有点意义的话,则是我读书生活的最好纪念,也令我对于即将迈入的新生活更加充满信心。

回想读书生活,已经二十多个年头,到同济求学攻读博士学位也已三年多了。进入同济大学以来,深深醉心于一流学府的大家风范。名师巨擘,各具特点;中西融合,文质相顾。处如此佳境以陶铸自我,实乃人生幸事。

在完成本书之际,我要对所有帮助和指导过我的人们表示衷心的感谢。我首先要感谢的是我的恩师曾国荪教授,我有幸得到了曾老师的悉心指导。在三年多的学习生活中,我从曾老师身上学到很多,不仅是学术上的知识,还包括为人处事的道理。可以说我的进步都应归因于曾老师的谆谆教诲,也将为我终生受用。

其次我要感谢所有在异构与可信计算研究组的同学:刘涛、周静与陈波等。与他们的讨论开阔了我的思路,触发了我的灵感,并且耐心细致地同我一道完成了一个又一个的课题研究与申请工作。同时,我还要特别感谢内容信任小组的同学：孙明军、谷华楠、张泉、张东启、毛雪云和王晓君，他们的朝气蓬勃和乐观积极的态度使我一直坚持不懈地走下去，本书的部分研究内容也是在他们工作的基础上完成的。

最后要感谢我的父母，他们在我攻读学位的过程中给予了我坚定的支持，使我心无旁骛地专注学业。没有他们的支持和鼓励，我也无法按时完成学业。

王　伟